Arbeitsheft
Fachkenntnisse 2 Anlagenmechaniker SHK

Lernfelder 9–15

von

Harald Macht und Mirko Brützke

3., überarbeitete Auflage

Handwerk und Technik – Hamburg

Bildquellen

Autoren und Verlag danken den genannten Firmen, Institutionen und Privatpersonen für die Überlassung von Vorlagen bzw. Abdruckgenehmigungen folgender Abbildungen:

BDH Bundesindustrieverband Deutschland Haus-, Energie- und Umwelttechnik e.V., Köln: S. 85.1; 91.2; 92.1; 99.1 – **Bosch Thermotechnik GmbH Junkers Deutschland**, Wernau: S. 123.1 – **Bosch Thermotechnik GmbH, Buderus Deutschland**, Wetzlar: S. 38.4; 89.3 – **Bosch Thermotechnik GmbH**, Wernau: S. 38.2 – **Bosch Thermotechnik GmbH**, Wetzlar: S. 12.2 – **Mirko Brützke**, Biberach (Riß): S. 27.1-7; 31.1-4; 33.1, 2; 34.1; 37.3; 38.1; 39.1-3; 42.4, 5; 43.1-3; 49.2, 3; 51.1; 52.1; 54.1, 2; 62.1-4 – **Bundesverband Wärmepumpe (BWP) e.V.**, Berlin: S. 95.1-4 – **Danfoss GmbH**, Offenbach/Main: S. 124.1, 2; 125.1 – **DEHOUST GmbH**, Leimen: S. 70.1; 71.1; 72.1 – **E.ON Bayern AG**, Regensburg: S. 66.1 – **ETA Heiztechnik GmbH**, A-Hofkirchen: S. 81.2, 3 – **HARGASSNER GmbH**, A-Wenig/Innkreis: S. 81.1 – **Hayen, Werner**, Wilhelmshaven: S. 59.3 – **HDG Bavaria GmbH**, Massing: S. 79.1 – **Heinemann GmbH**, Dießen: S. 111.1; 141.1 – **Honeywell GmbH, Haustechnik**, Schönaich www.honeywell-haustechnik.de: S. 20.1, 2 – **Hoyer KG, Wilhelm**, Visselhövede: S. 59.2 – **Institut für Wärme und Öltechnik, IWO**, Hamburg: S. 6.1; 7.5 – **Kaufmann (Wilhelm)**, Norderstedt: S. 74.1, 2 – **KBB Underground Technologies GmbH**, Hannover: S. 59.1 – **Kring TWT GmbH**, Haiger: S. 100.1 – **Harald Macht**, Schwendi: S. 12.1; 14.1; 15.1; 114.1; 115.2a, b; 119.1; 128.1, 2, 4; 129.2-4; 141.2; 142.1-3; 143.1-4; 144.1-3 – **Mall GmbH**, Donaueschingen: S. 79.3 – **MAX WEISHAUPT GMBH**, Schwendi: S. 10.1; 58.2; 73.1; 75.1, 2; 131.1; 132.1; 133.1; 134.1, 2; – **Mertik Maxitrol GmbH & Co. KG**, Thale: S. 61.1; 62.5 – **nVent**, Haasrode (Belgien): S. 55.1 – **Roth Werke GmbH**, Dautphetal: S. 47.1 – **Rox-Klimatechnik GmbH**, Weitefeld: S. 119.2 – **Sonnenhaus-Institut e.V.**: S. 89.2 – **Tyczka Totalgaz GmbH**, Geretsried: S. 59.4 – **Vaillant Deutschland GmbH & Co. KG**, Remscheid: S. 37.1; 42.1 – **Viessmann Eis-Energiespeicher GmbH**, Ludwigsburg: S. 98.1 – **Viessmann Werke GmbH**, Allendorf: S. 21.1; 37.2; 38.3; 41.1; 91.1 – **Wagner (Josef)**, Salzweg: S. 6.3; 7.4; 79.4; 80.1, 2 – **WILO SE**, Dortmund: S. 42.2 – **Windhager Zentralheizung GmbH**, Meitingen: S. 79.2

Quellen der verlinkten Zusatzmaterialien – abrufbar über die Internetseite des Verlags

Autoren und Verlag danken den genannten Firmen, Institutionen und Personen für die Überlassung folgender Materialien:

Seite 16, **Flamco GmbH**, Velbert, Video Ausdehnungsgefäße
Seite 44, **as-illustration**, Rimpar, Animation Schwerkraftzirkulation
Seite 77, **as-illustration**, Rimpar, Animation CO_2-Entwicklung Erdatmosphäre
Seite 81, **Fröling,** A-Grieskirchen, Video Holzkessel
Seite 111, **Heinemann GmbH,** Dießen, Video Lüftungsgeräte
Seite 140, **as-illustration**, Rimpar, Animation Wartung Lüftungsgerät

Die technischen und grafischen Zeichnungen wurden nach Vorlagen ausgeführt durch as-illustration Alexander Schmitt, 97222 Rimpar.
Die Normblattangaben werden wiedergegeben mit Erlaubnis des DIN Deutsches Institut für Normung e. V. Maßgebend für das Anwenden der Norm ist deren Fassung mit dem neuesten Ausgabedatum, die bei der Beuth GmbH, Burggrafenstraße 6, 10787 Berlin, erhältlich ist.

ISBN 978-3-582-**60008**-0
Schülerausgabe – 3. Auflage

ISBN 978-3-582-**60009**-7
E-Book mit Lösungen – III/3. Auflage

Verlag Handwerk und Technik GmbH,
Lademannbogen 135, 22339 Hamburg; Postfach 63 05 00, 22331 Hamburg – 2019
E-Mail: info@handwerk-technik.de – Internet: www.handwerk-technik.de

Satz: vitaledesign, 10823 Berlin
Umschlagmotive: Abbildung links ist ausgeführt nach Vorlage von: newVISION! GmbH, 30982 Pattensen; Abbildungen rechts: Rainer Dommel, Freiburg (Bild 1); Harald Macht, Schwendi (Bild 2); Josef Wagner, Salzweg (Bild 3)

Druck: RCOM Print GmbH, 97222 Rimpar

Inhaltsverzeichnis

		Arbeitsheft	Buch
	Legende	4	
1	**Wärmewert**	5	3
	Wärmewert	5	3
2	**Wirkungsgrade und Nutzungsgrade**	9	22
	Wirkungsgrade und Nutzungsgrade	9	22
3	**Sicherheitstechnische Ausrüstung von geschlossenen Warmwasser-Heizungsanlagen**	11	28
	Sicherheitstechnische Ausrüstung von geschlossenen Warmwasser-Heizungsanlagen	11	28
4	**Abgasüberwachung**	21	55
	Kundenauftrag	21	
5	**Grundlagen der Trinkwassererwärmung**	27	75
	Einleitung	27	75
	Kundenauftrag	28	
6	**Einteilung von Trinkwassererwärmungsanlagen**	29	76
	Einteilung von Trinkwassererwärmungsanlagen	29	76
7	**Trinkwassererwärmung durch elektrisch betriebene Anlagen**	33	84
	Installation eines elektrisch beheizten Trinkwassererwärmers	33	88
8	**Trinkwassererwärmung durch die zentrale Heizungsanlage**	37	110
	Trinkwassererwärmung durch die zentrale Heizungsanlage	37	110
9	**Trinkwassererwärmung durch solarthermische Anlagen**	39	115
	Aufbau, Wirkungsweise und Betriebsweise einer thermischen Solaranlage	39	119
10	**Trinkwasseranschluss von geschlossenen Trinkwassererwärmern**	51	142
	Anschluss von geschlossenen Trinkwassererwärmern	51	143
11	**Trinkwarmwasser-Verteilungssysteme in zentralen TWE-Anlagen**	53	146
	Temperaturhaltesysteme	53	146
12	**Gasbrenner**	57	175
	Gasbrenner	57	175
13	**Bereitstellung von Gasen**	59	221
	Bereitstellung von Gasen	59	221
14	**Flüssige Brennstoffe**	67	247
	Bereitstellung von Heizöl	67	249
	Ölzerstäubungsbrenner	73	262
15	**Feste Brennstoffe**	77	277
	Bereitstellung von festen Brennstoffen	77	280
	Festbrennstoffkessel	81	286

	Arbeitsheft	Buch
16 Grundlagen – Integrieren ressourcenschonender Anlagen	83	299
Grundlagen – Integrieren ressourcenschonender Anlagen	83	299
17 Solare Heizungsunterstützung	89	304
Solare Heizungsunterstützung	89	304
18 Wärmepumpen	93	309
Wärmepumpen	93	309
19 Fernwärmeversorgung	99	319
Fernwärmeversorgung	99	319
20 *h*-*x*-Diagramm von Mollier für feuchte Luft und seine physikalischen Grundlagen	103	344
h-*x*-Diagramm für feuchte Luft und seine physikalischen Grundlagen	103	344
21 Kontrollierte Wohnungslüftung	111	375
Kontrollierte Wohnungslüftung mit Zubehör	111	375
22 Messtechnik	121	394
Messen und Überprüfen von Widerständen	121	394
23 Steuerungs- und Regelungstechnik in der Anwendung	123	399
Einbau von Temperaturwächtern	123	401
Witterungsgeführte Vorlauf- (Kessel-) Temperaturregelung	127	408
Regelschema einer witterungsgeführten Heizungsanlage	131	411
24 Grundlagen zur Instandhaltung	135	429
Instandhalten von versorgungstechnischen Anlagen und Systemen	135	429
Kundenauftrag	136	
Anhang		
Formelsammlung	145	

Legende

[!] Bei Aufgaben mit diesem Symbol handelt es sich um knifflige Aufgaben.

[+] Bei Aufgaben mit diesem Symbol sollten Sie sich – neben den Informationen aus dem Buch – noch zusätzliche Informationen zur Lösung besorgen (Internet, Fachliteratur, Ausbildungsbetrieb).

[Seite 39] Bei Aufgaben mit diesem Seitenverweis finden Sie Informationen zur Lösung der Aufgabe im Buch auf der angegebenen Seite.

Wärmewert

1 Nennen Sie die in der Anlagenmechanik SHK üblichen fünf Brennstoffe bzw. Brennstoffarten.

2 Erklären Sie den Begriff „Wärmewert" und geben Sie übliche Einheiten an.

3 Beschreiben Sie die dargestellten Wärmeerzeuger und die damit verbundene Nutzung der zugeführten Brennstoffe.

a) Heizwertnutzung

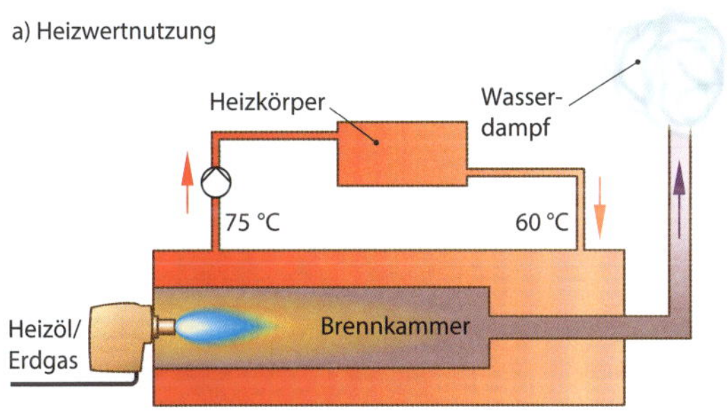

b) Brennwertnutzung

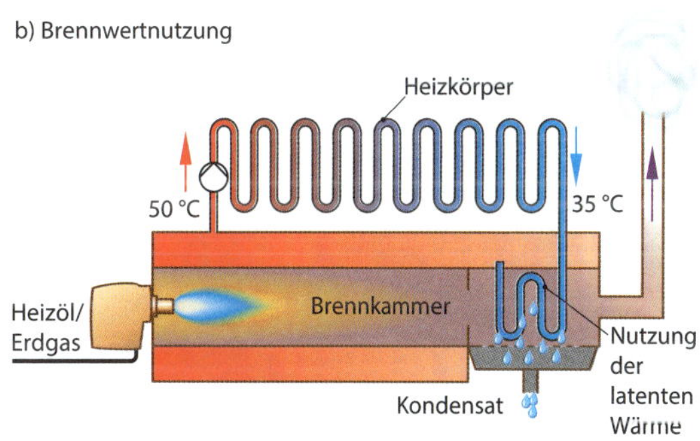

4 Ermitteln Sie für die folgenden Brennstoffe die Heiz- und Brennwerte und tragen Sie diese in die Tabelle ein. Achten Sie dabei auf die vorgegebenen Einheiten.

Brennstoff	Heizwert	Brennwert	Einheit
Heizöl EL			$\frac{kWh}{l}$
Heizöl EL			$\frac{kWh}{kg}$
Erdgas H			$\frac{kWh}{m^3}$
Pellets			$\frac{kWh}{kg}$
Hackschnitzel			$\frac{kWh}{kg}$
Stückholz Tanne			$\frac{kWh}{kg}$
Stückholz Tanne			$\frac{kWh}{rm}$
Stückholz Buche			$\frac{kWh}{kg}$
Stückholz Buche			$\frac{kWh}{rm}$

5 Rechnen Sie jeweils in die angegebenen Brennstoffe oder Mengenangaben um und tragen Sie Ihre Ergebnisse in die dafür vorgesehenen Stellen bei den Abbildungen ein.

1.

2000 l Heizöl bei Heizwertnutzung ≙ ________ m^3 Erdgas bei Heizwertnutzung ≙ ________ kg Pellets

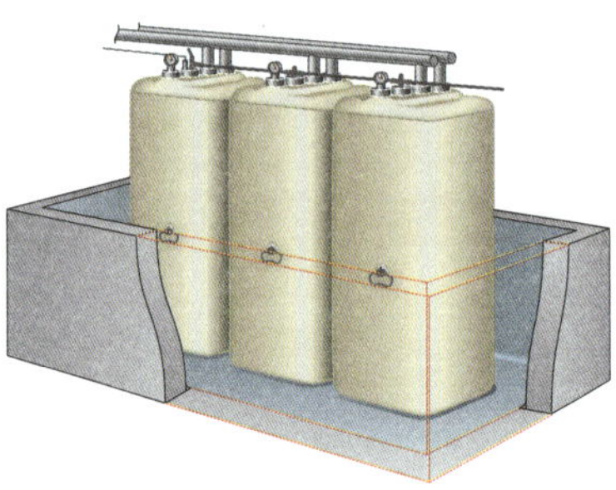

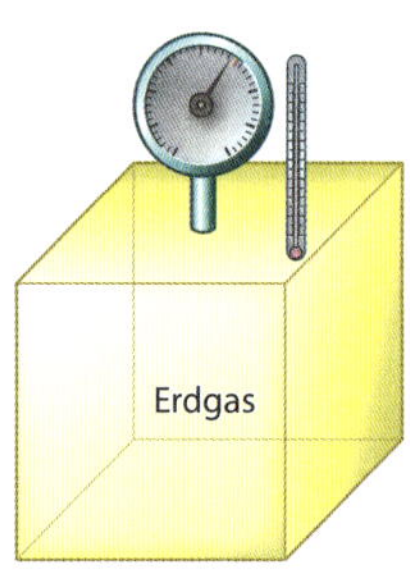

Datum ________ Name ________

2.

7 fm Holz ≙ ________ rm Holz ≙ ________ srm Holz

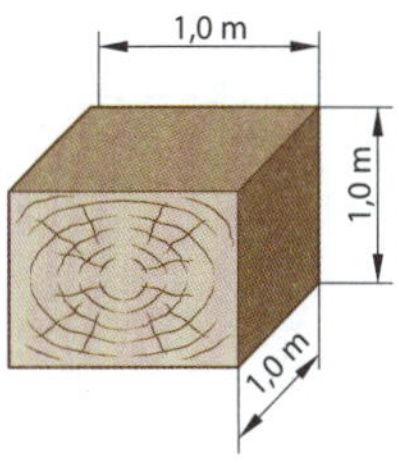

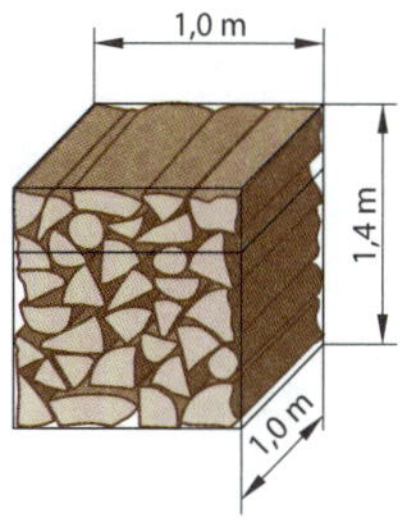

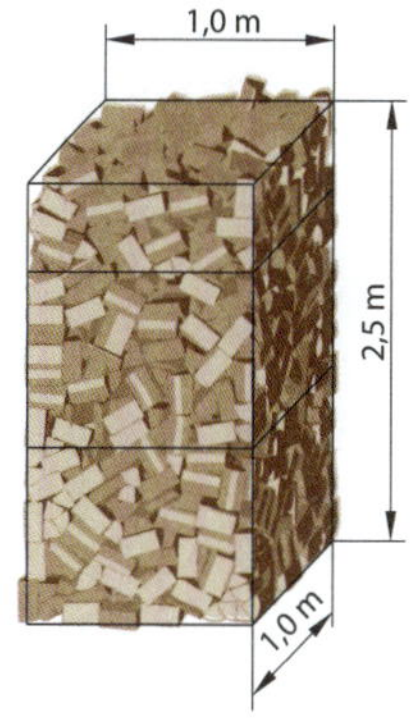

3.

3000 kg Pellets ≙ ________ l Heizöl ≙ ________ m³ Erdgas

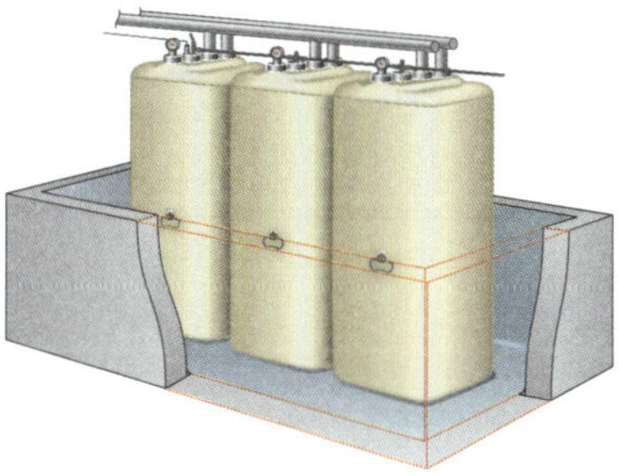

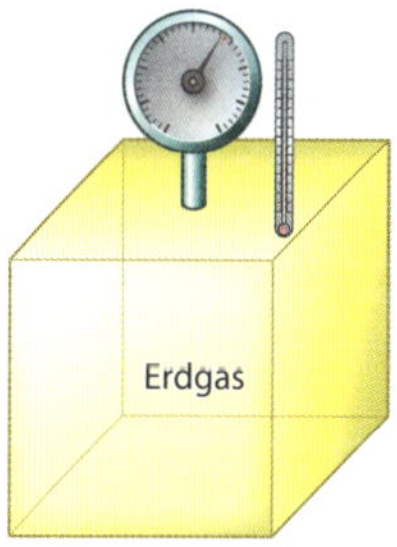

4.

10 000 m³ Gas
bei Brennwertnutzung

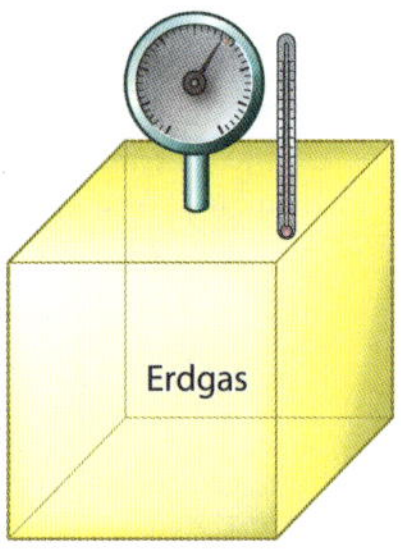

≙

_______ rm Tanne

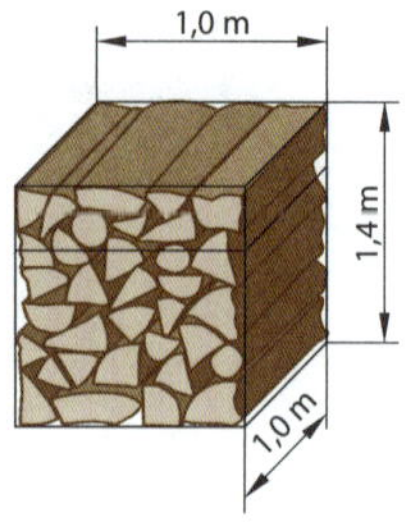

≙

_______ rm Buche

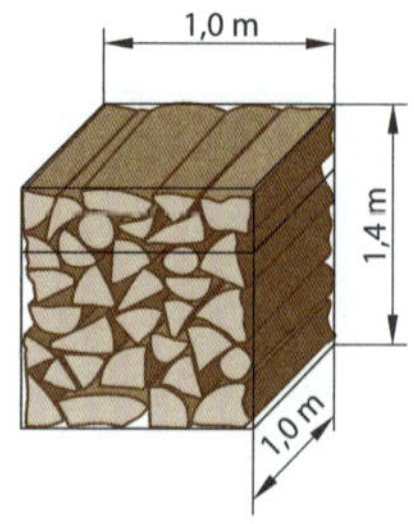

5.

30 000 kWh
Wärmeenergie

≙

_______ m^3 Erdgas
bei Heizwertnutzung

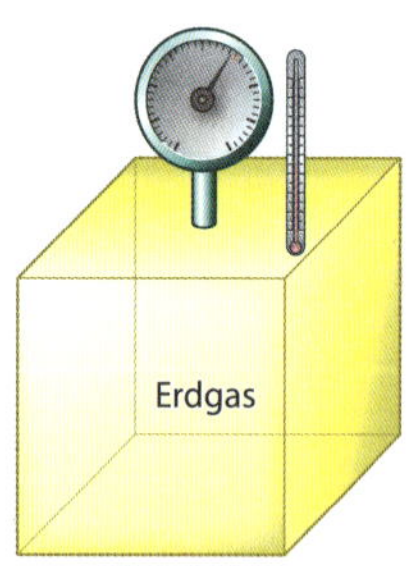

≙

_______ m^3 Erdgas
bei Brennwertnutzung

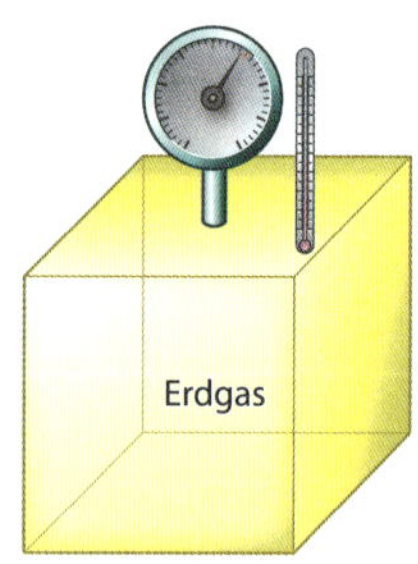

Wirkungsgrade und Nutzungsgrade

Tragen Sie die Lösungen in die jeweils richtigen Antwortfelder auf der Seite 10 ein.

1 Abgasverluste:

a) Erklären Sie den Begriff „Abgasverluste".

b) Ermitteln Sie zwei Formeln zur Berechnung der Abgasverluste. [Seite 57 und Tabellenbuch]

2 Wärmebelastung:

a) Erklären Sie den Begriff „Wärmebelastung".

b) Ermitteln Sie die Formeln zur Berechnung der Wärmebelastung für feste, flüssige und gasförmige Brennstoffe.

3 Wärmeleistung:

a) Erklären Sie den Begriff „Wärmeleistung".

b) Ermitteln Sie die Formel zur Berechnung der Wärmeleistung.

4 Strahlungsverluste:

a) Erklären Sie den Begriff „Strahlungsverluste".

b) Geben Sie übliche Werte für Strahlungsverluste von Heizkesseln an.

5 Feuerungstechnischer Wirkungsgrad:

a) Erklären Sie den Begriff „feuerungstechnischer Wirkungsgrad".

b) Ermitteln Sie die Formel zur Berechnung des feuerungstechnischen Wirkungsgrades.

6 Kesselwirkungsgrad:

a) Erklären Sie den Begriff „Kesselwirkungsgrad" in Abhängigkeit von Abgasverlusten und Strahlungsverlusten.

b) Ermitteln Sie die Formel zur Berechnung des Kesselwirkungsgrades für Brennwertgeräte.

Datum

Name

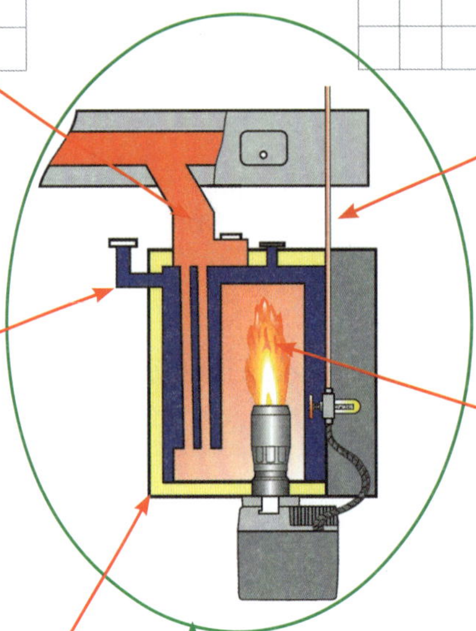

Datum

Name

Sicherheitstechnische Ausrüstung von geschlossenen Warmwasser-Heizungsanlagen

1 Heute werden Einfamilienhäuser mit geschlossenen Warmwasser-Heizungsanlagen ausgestattet.

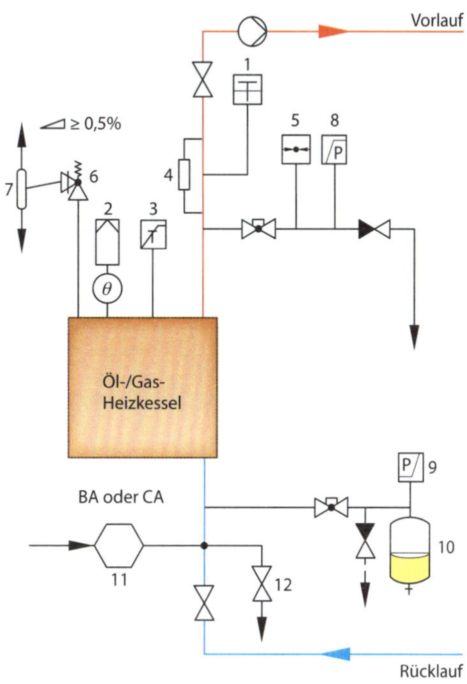

a) Nach welcher DIN EN und bis zu welcher Temperatur sind diese mit sicherheitstechnischen Einrichtungen auszurüsten?

b) Gegen Überschreiten welcher physikalischen Größen müssen diese Anlagen abgesichert werden?

c) Die sicherheitstechnische Ausrüstung muss in Übereinstimmung bestimmter Größen und Gegebenheiten geplant werden. Nennen Sie drei dieser Punkte.

2 Das Thermometer ist ein Teil der sicherheitstechnischen Ausrüstung.
Nennen Sie den Zweck und den Einbauort der dargestellten Thermometer.

3 Der Temperaturregler (TR) ist meist als Drehknopf an den Regelungen vorhanden (siehe rote Markierung in der Abbildung).

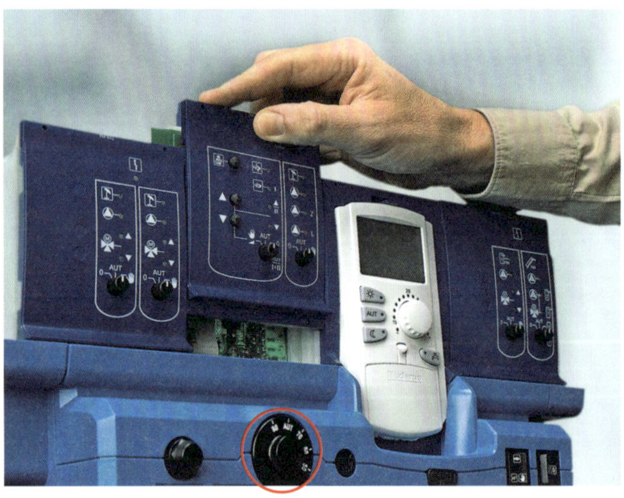

a) Beschreiben Sie die Aufgabe des Temperaturreglers.

Datum
Name

b) Welche maximale Temperatur können Sie am Temperaturregler einstellen?

c) Beschreiben Sie den Vorteil und das Regelverhalten eines elektronischen Temperaturreglers.

d) Ein Kunde hat aus Versehen den Temperaturregler verstellt. Aus den technischen Unterlagen können Sie entnehmen, dass die Heizkörper mit einer Temperatur von 70 °C bei einer Außentemperatur von –14 °C betrieben werden. Welche Temperatur sollte am Temperaturregler eingestellt werden?

4 Zur wichtigsten sicherheitstechnischen Ausrüstung gehört der Sicherheitstemperaturbegrenzer (STB). Deshalb ist es wichtig dessen Funktion zu kennen.

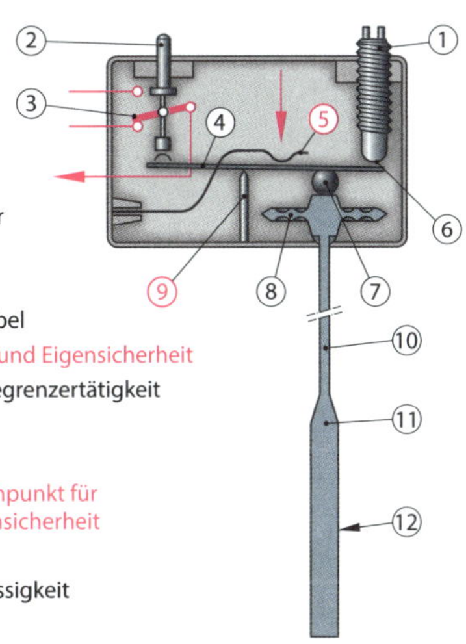

1 Sollwerteinsteller
2 Entriegelung
3 Mikroschalter
4 Übersetzungshebel
5 Feder für Bruch- und Eigensicherheit
6 Drehpunkt für Begrenzertätigkeit
7 Metallkugel
8 Membrandose
9 Zusätzlicher Drehpunkt für Bruch- und Eigensicherheit
10 Kapillare
11 Ausdehnungsflüssigkeit
12 Fühler

a) Sie werden zu einer Heizungsstörung gerufen. Schnell stellen Sie fest, dass der STB ausgelöst hat. Nennen Sie einen möglichen Grund hierfür.

b) Darf der Kunde die Anlage ohne weitere Maßnahmen nur durch das Entriegeln des STBs wieder in Betrieb nehmen? Begründen Sie Ihre Aussage.

5 Die Fülleinrichtung gehört ebenfalls zur notwendigen sicherheitstechnischen Ausrüstung einer Warmwasser-Heizungsanlage.

Beim Kunden entdecken Sie den abgebildeten Kesselfüll- und Entleerhahn (KFE-Hahn). Erklären Sie dem Kunden, weshalb die Befüllung der Heizungsanlage mit einer Schlauchverbindung zum Trinkwassernetz nicht mehr zulässig ist. Welche Folgen kann ein Nichtbeachten haben?

Datum

Name

6 Bei einem Kunden sehen Sie das abgebildete Anzeigegerät.

a) Wie heißt dieses Anzeigegerät?

b) Welche Aufgabe hat dieses Gerät in einer Warmwasser-Heizungsanlage?

c) An welcher Stelle der Warmwasser-Heizungsanlage müsste dieses Gerät eingebaut sein?

d) Erklären Sie dem Kunden die Bedeutung der Zeiger und des grün markierten Bereichs im Anzeigegerät.

e) Sie sehen, dass das Anzeigegerät nicht richtig eingestellt ist. Erklären Sie weshalb.

f) Wie müsste das Anzeigegerät richtig eingestellt werden, wenn die Anlagenhöhe 9 m beträgt (Erfahrungswerte)?

[!] 7 Das Membran-Ausdehnungsgefäß, auch kurz MAG genannt, ist in jeder Warmwasser-Heizungsanlage zwingend notwendig.

a) Zeichnen Sie zu den verschiedenen Betriebszuständen die jeweilige Lage der Membrane in grüner Farbe in die nachfolgenden Abbildungen ein.

www

Ausdehnungs-gefäße

Lieferzustand	**Füllzustand**	**Betriebszustand**	**defektes MAG**

b) Schraffieren Sie den mit Wasser gefüllten Bereich in blauer Farbe.

c) Schraffieren Sie den mit Stickstoff gefüllten Bereich in gelber Farbe.

d) Beschreiben Sie kurz die jeweiligen Zustände.

Datum

Name

e) Kreuzen Sie die richtigen Antworten an. Es können mehrere Antworten richtig sein!

1.	
	Das MAG gleicht temperaturbedingte Volumenänderungen aus.
	Das MAG gleicht die durch das Füllen bedingten Volumenänderungen aus.
	Das MAG verhindert negativen Überdruck in der Anlage.
	Das MAG hat die gleiche Funktion wie ein Sicherheitsventil.
2. Das MAG besteht aus …	
	… Ausdehnungsflüssigkeit, Stahlwand, Membrane, Sollwerteinsteller.
	… Dichtung, Feder, Wasseranschlussstutzen, Membrane.
	… Stickstoff-Füllventil, Sicherungskappe, Membrane, Wasserseite.
	… Stickstoff-Füllventil, Stahlwand, Membrane, Wasseranschlussstutzen.
3. In die Verbindungsleitung soll …	
	… eine Absperreinrichtung und das Sicherheitsventil eingebaut werden.
	… eine Entleereinrichtung und ein Manometer eingebaut werden.
	… eine Absperrung und eine Entleereinrichtung eingebaut werden.
	… ein Kappenventil und eine Entleereinrichtung eingebaut werden.
4.	
	Die Absperreinrichtung dient zum Füllen der Anlage.
	Die Entleereinrichtung dient zum Entlüften der Anlage.
	Die Absperreinrichtung und die Entleereinrichtung dienen zur Wartung des MAGs.
	Die Absperreinrichtung und die Entleereinrichtung am MAG dienen zur Wartung der Umwälzpumpe.

Datum

Name

8 Das Sicherheitsventil (SV):

a) Erklären Sie die Funktion des Sicherheitsventils.

b) Beurteilen Sie folgende Einbausituationen auf richtigen Einbau des Sicherheitsventils und begründen Sie kurz Ihre Entscheidung.

Ja/Nein

1.

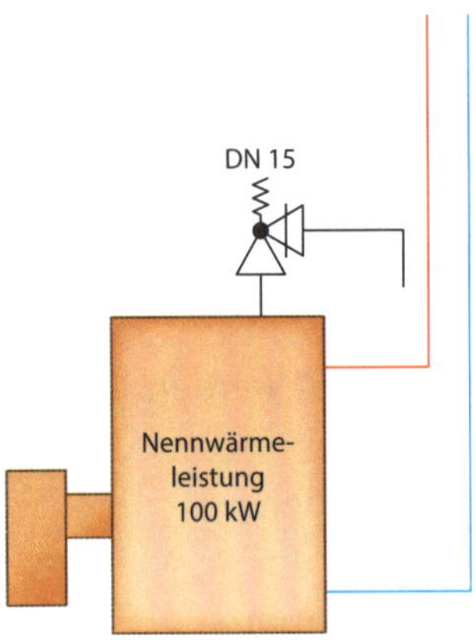

Ja/Nein

2.

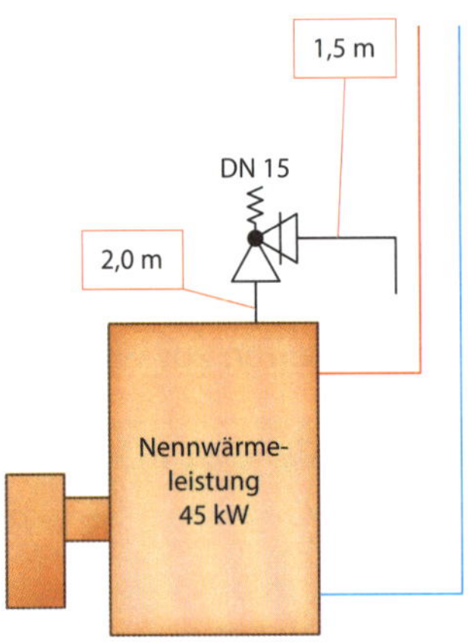

Datum
Name

3.	Ja/Nein

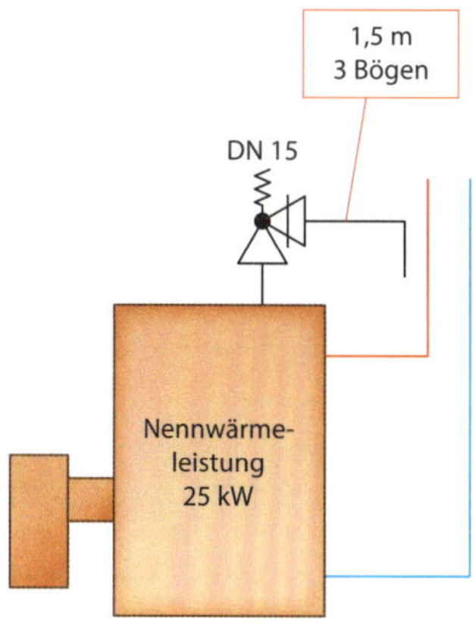

4.	Ja/Nein

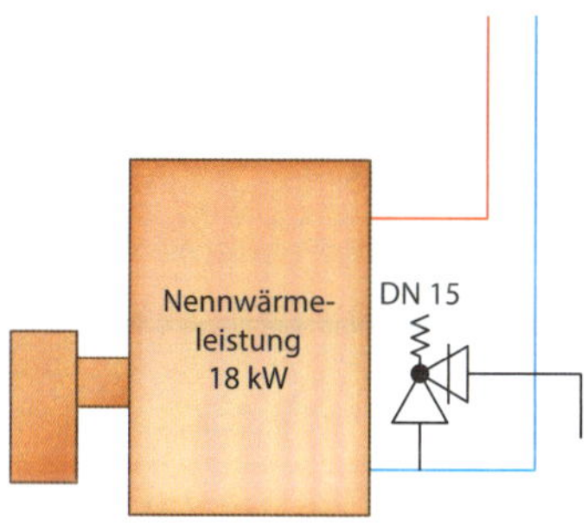

5.	Ja/Nein

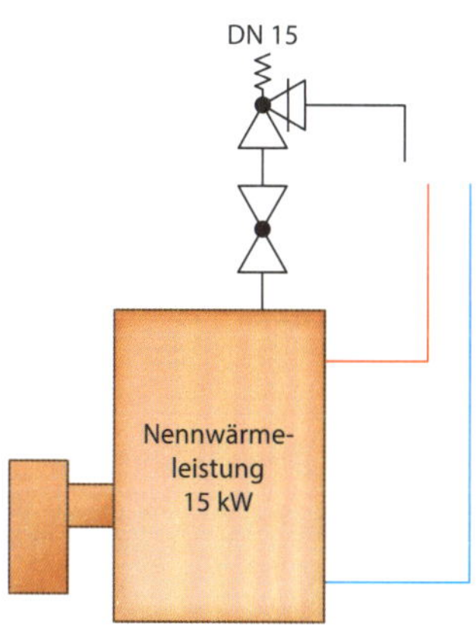

Datum

Name

9 Sicherheitstechnische Ausrüstung bei Festbrennstoff-Heizanlagen:

a) Nach DIN EN 303-5 sind Festbrennstoff-Heizkessel ≤ 300 kW mit Einrichtungen gegen Temperaturüberschreitung auszustatten. Nennen Sie die nach DIN EN notwendige Ausstattung für einen Stückholzkessel mit ≤ 100 kW.

b) Sie sollen die thermische Ablaufsicherung für einen Stückholzkessel montieren. Die Montageanleitung liegt nur in englischer Sprache vor. Übersetzen Sie die Einbauhinweise sinngemäß.

7.1. Installations Guidelines

- The valve and the sensor must be installed carefully to avoid any damage to the capillary tube
- The opening on the blow-out line must be clear and easy to monitor
- Ensure no persons are in danger when blowing off the valve

(Quelle: Honeywell: Einbauanleitung Thermische Ablaufsicherung 2015, Seite 4)

c) Entnehmen Sie aus dem englischen Text, in welchem Wartungsintervall die thermische Ablaufsicherung zu überprüfen ist, und wer diese Arbeiten ausführen darf.

9.1. Inspection and Maintenance

- According to the requirements of DIN EN 12828, the system operator is obliged to have the thermal discharge safety valve checked by a professional at least once a year to ensure its functioning capacity.

(Quelle: Honeywell: Einbauanleitung Thermische Ablaufsicherung 2015, Seite 5)

Datum

Name

Kundenauftrag

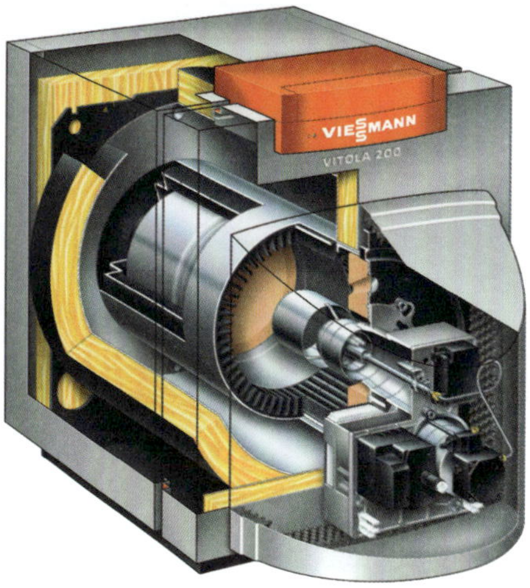

Der Niedertemperaturkessel mit Ölbrenner eines Kunden wurde vom Bezirksschornsteinfeger nach BImSchV überprüft. Dabei hat dieser festgestellt, dass die Anlage nicht mehr der Verordnung entspricht.

Der Kunde mailt Ihnen die vom Schornsteinfeger ausgestellte Bescheinigung (siehe Seite 22) als erste Information mit der Bitte, die Anlage zu überprüfen und gegebenenfalls eine Reparatur durchzuführen.

Anhand der Bescheinigung können Sie sich auf den bevorstehenden Kundendienst vorbereiten. Außerdem sollten Sie die Angaben des Schornsteinfegers überprüfen.

Die Daten sind auch für Sie von sehr großer Bedeutung; anhand dieser können Sie sich einen ersten Überblick über mögliche Fehler der Anlage verschaffen.

1 Nach welcher Verordnung hat der Schornsteinfeger die Anlage des Kunden überprüft?

2 Auf der gemailten Bescheinigung sehen Sie, dass der Bezirksschornsteinfeger vergessen hat, die Grenzwerte für den Abgasverlust und die Rußzahl einzutragen (siehe rot markierter Bereich). Ermitteln Sie die fehlenden Grenzwerte und tragen Sie diese zusätzlich in die Bescheinigung ein. [+]

3 Ermitteln Sie mithilfe der Bescheinigung, welche Messwerte der Schornsteinfegermeister an der Anlage des Kunden gemessen und festgestellt hat.

Schornsteinfegermeister	
Manfred Schwarzmann Dacksteigerweg 1	

Anschrift des Betreibers	Alfred E. Neumann Kundenweg 1000 88400 Biberach

Tag der Messung

- [ ] Messung gemäß § 14 Abs. 1
- [X] wiederkehrende Messung gemäß § 15
- [ ] Wiederholungsmessung gemäß § 14 Abs. 4
- [ ] Messung auf Anordnung

- [X] für den Betreiber
- [ ] für die Behörde
- [ ] für den Bez.-Schornsteinfegermeister
- [ ]

Aufstellungsort der Anlage
(nur ausfüllen, wenn nicht mit der Anschrift des Betreibers übereinstimmend)

Gebäudeteil:

Bescheinigung

über das Ergebnis der Messung an einer Feuerungsanlage für flüssige oder gasförmige Brennstoffe gemäß §§ 14, 15 der Ersten Verordnung zur Durchführung des Bundes-Immissionsschutzgesetzes (Verordnung über Kleinfeuerungsanlagen – 1. BImSchV).

Wärmeaustauscher

Hersteller: Viessmann — Typ/Baujahr: Vitola 200 / 1999 — Nennwärmeleistung in kW: 18,0

Brenner

Hersteller: Weishaupt — Typ/Baujahr: WL 5 / 1999

ohne Gebläse [ ] — mit Gebläse [X] — Verdampfungsbrenner [ ]

Leistungsbereich: (Ölbrenner) [X] — in kW (Gasbrenner) [ ] — von 16,5 bis 20,0 — Leistung bei Messung (nur bei modulierenden oder mehrstufigen Brennern):

Brennstoff

Heizöl EL [X] — Erdgas [ ] — Flüssiggas Flüssiggas-Luft-Gemische [ ] — Stadtgas [ ] — Sonstiger Brennstoff gemäß § 3 [ ]

Art der Anlage

Heizung [ ] — Heizung mit Brauchwasser [X] — Brauchwasseranlage [ ] — Lufterhitzer [ ] — Feuerstätte anderer Art [ ]

Messergebnis

Rußzahl 1: 2 — 2: 1 — 3: 2 — Mittelwert: 2

Ölderivate: ja [ ] — nein [X]

Abgasverlust in % (ohne Toleranz): 11.1

Wärmeträgertemperatur in °C: 60°C

Verbrennungslufttemperatur in °C: 22°C

Abgastemperatur in °C: 195°C

Sauerstoff [X] — Kohlendioxid [ ] — Volumengehalt in %: 9%

Druckdifferenz in hPa: 0,15

Das Messergebnis entspricht der Verordnung [ ]

Bemerkungen

Das Messergebnis **entspricht nicht** der Verordnung [X]

weil
- [X] Abgasverlust über
- [X] Rußzahl über
- [ ] Ölderivate im Abgas

22.09.19 — Schwarzmann

Datum — Unterschrift

Zutreffendes bitte ankreuzen bzw. Werte einsetzen

Ergibt eine Messung, dass die Anlage den Anforderungen der Verordnung nicht entspricht, so ist der Betreiber verpflichtet, die notwendigen Verbesserungsmaßnahmen an der Anlage zu treffen.
Die Messung ist innerhalb von **sechs Wochen** zu wiederholen. Geben Sie mir bitte Nachricht, sobald die Wiederholungsmessung erfolgen kann.

4 Überprüfen Sie durch Berechnung, ob der Abgasverlust auf der Bescheinigung des Schornsteinfegers richtig angegeben ist.

5 Welche der Werte in der Formel könnten Sie durch Einstellungen am Ölbrenner verändern?

6 Berechnen Sie den Abgasverlust mit einer um 20 °C geringeren Abgastemperatur.

7 Berechnen Sie den Abgasverlust mit einem um 5 % geringeren Sauerstoffgehalt.

8 Welche Erkenntnisse gewinnen Sie aus den Lösungen der Aufgaben 6 und 7 bezüglich möglicher Fehlerquellen an der Anlage des Kunden?

Datum

Name

9 Rußmessung:

a) Aus welchen Bestandteilen besteht Ruß? [Seite 9]

b) Erklären Sie, auf welche Weise Ruß entstehen kann.

c) Beschreiben Sie, an welcher Stelle Ruß (und auch die anderen Abgaswerte) gemessen werden sollten.

d) Beschreiben Sie, wie Sie die Rußzahl bestimmen.

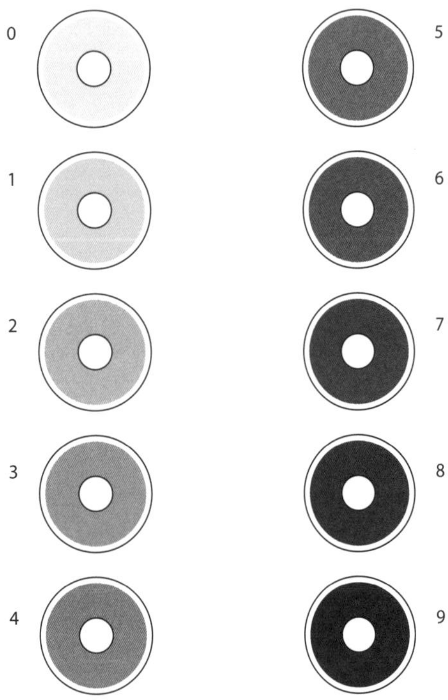

Datum

Name

10 Verbrennungsluftbedarf und Luftverhältniszahl λ:

a) Erklären Sie den Begriff „theoretischer Verbrennungsluftbedarf".

b) Erklären Sie den Begriff „Luftverhältniszahl λ".

c) Nennen Sie für einen Ölgebläsebrenner übliche Werte für λ.

d) Ermitteln Sie drei Berechnungsformeln für λ. [Tabellenbuch]

e) Berechnen Sie λ anhand der Messwerte des Schornsteinfegers (siehe Bescheinigung auf der Seite 22).

Datum

Name

f) Berechnen Sie λ mit einem um 5 % geringeren Sauerstoffgehalt.

g) Welche Erkenntnisse gewinnen Sie aus den Lösungen der Aufgaben 10c), e) und f)?

11 Schornsteinzug:

a) Ermitteln Sie aus der Bescheinigung (siehe Seite 22) die Höhe des Schornsteinzugs in hPa und rechnen Sie diesen in mbar um.

[+] b) Ermitteln Sie, welche Größe der Schornsteinzug im Idealfall haben sollte?

c) Beschreiben Sie die Auswirkungen eines zu hohen Schornsteinzugs?

d) Durch welche bauliche Maßnahme könnte der Schornsteinzug angepasst werden?

Datum

Name

Einleitung

In der Trinkwasserverordnung werden vier Bereiche des alltäglichen Lebens eines Menschen unterschieden, in denen Trinkwasser verwendet wird. Dabei handelt es sich um:

Zubereitung von Speisen und Getränken

Körperpflege und Körperreinigung

Reinigung von Gegenständen, die mit Lebensmitteln in Berührung kommen

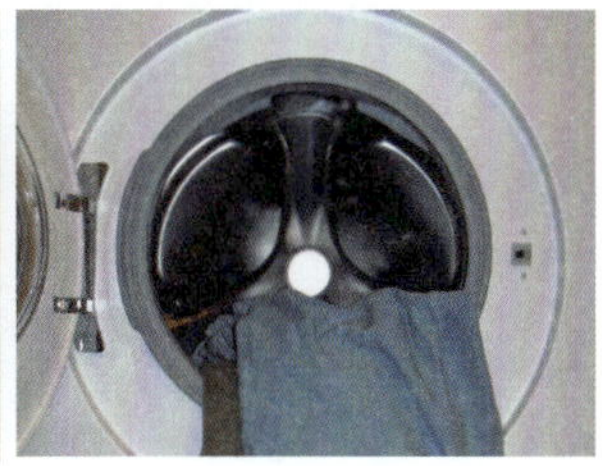

Reinigung von Gegenständen, die mit dem menschlichen Körper in Kontakt kommen

In allen diesen Bereichen wird überwiegend erwärmtes Trinkwasser in unterschiedlichen Temperaturbereichen verwendet. Man unterscheidet prinzipiell drei Temperaturbereiche.

1 Benennen Sie die Bereiche anhand der unten stehenden Abbildungen und ordnen Sie ihnen die jeweilige Temperatur zu.
- Warmwasser mit 37 °C
- Heißwasser mit 50 °C
- Kochendwasser mit 100 °C

	Bereich	Temperatur

Kundenauftrag

Ihr Kunde hat für seine Familie und sich eine sanierungsbedürftige Wohnung in einem Mehrfamilienhaus gekauft. Die Wohnung befindet sich im Dachgeschoss des Hauses. Im Haus befindet sich keine Zentralheizung. Jede der Wohnungen ist mit einem eigenen Wärmeerzeuger – aktuell Gastherme – ausgestattet.

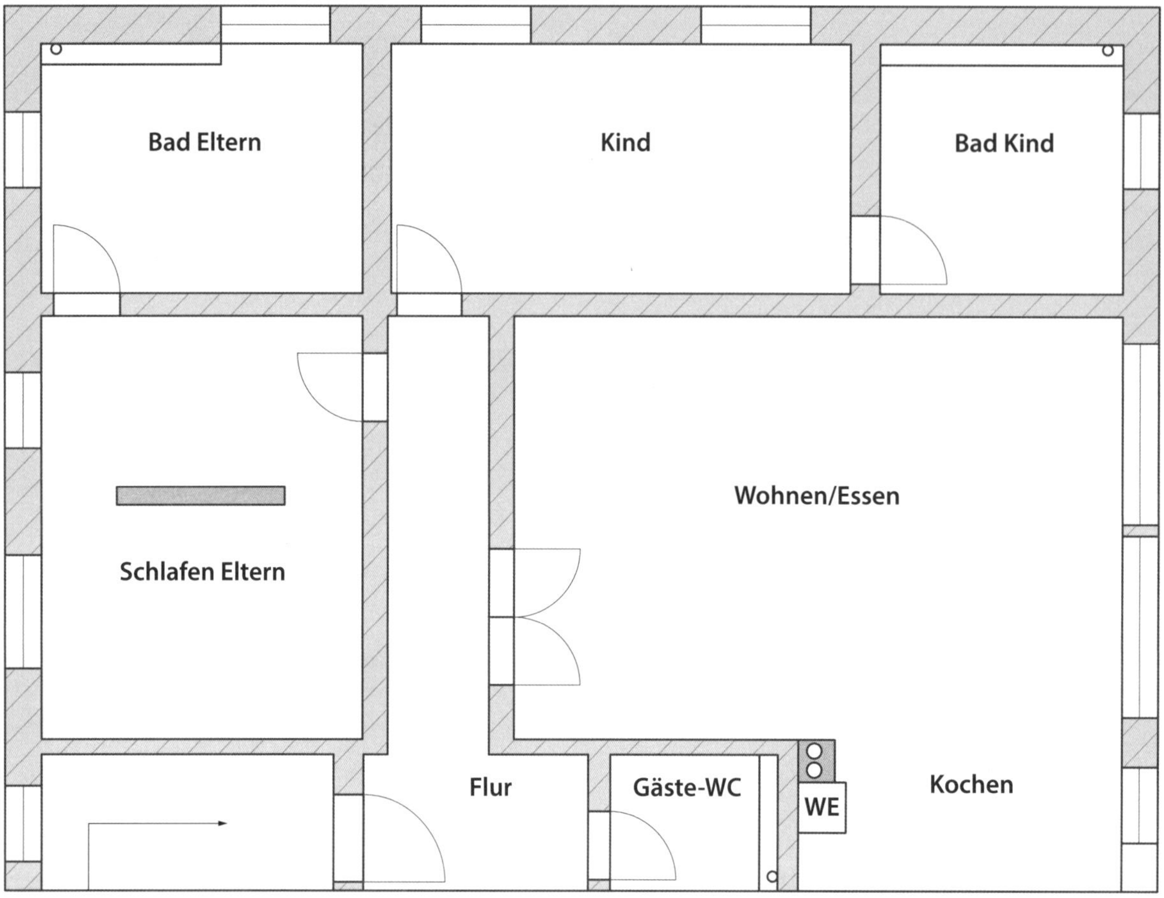

Die Wohnung soll von Grund auf saniert werden. Dabei soll auch die Warmwasserversorgung erneuert werden.

Aktueller Stand der Trinkwassererwärmungsanlage: Die Wohnung verfügt über eine dezentrale Trinkwasserversorgung mit:

- Gruppenversorgung im Bad Eltern
- Gruppenversorgung im Bad Kind
- Einzelversorgung in der Küche
- Gäste-WC ohne Warmwasseranschluss

Ihr Kunde ist sich noch nicht sicher, für welche Art der Warmwasserversorgung er sich entscheiden soll. Um eine Entscheidung treffen zu können, benötigt er den Vergleich mehrerer Alternativen.

Datum Name

Einteilung von Trinkwassererwärmungsanlagen

1 Erklären Sie die folgenden Begriffe:

a) Zentrale Trinkwassererwärmung:

b) Dezentrale Trinkwassererwärmung:

c) Einzelversorgung:

d) Gruppenversorgung:

e) Zentrale Versorgung:

2 Zeichnen Sie in die vorgegebenen Situationen jeweils die Trinkwassererwärmer inklusive PWC- und PWH-Leitungen für die verschiedenen Versorgungsarten ein.

Einzelversorgung

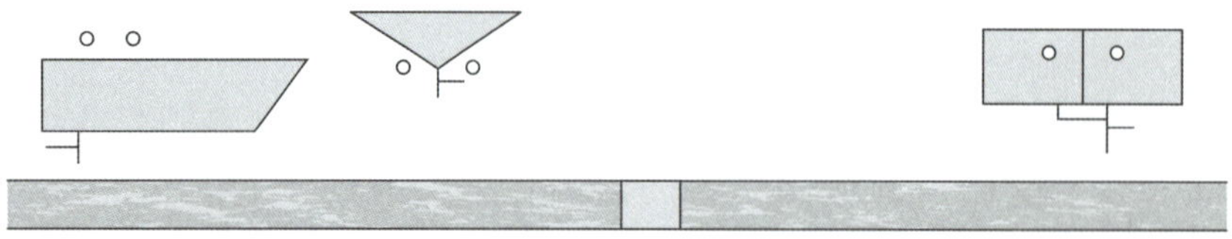

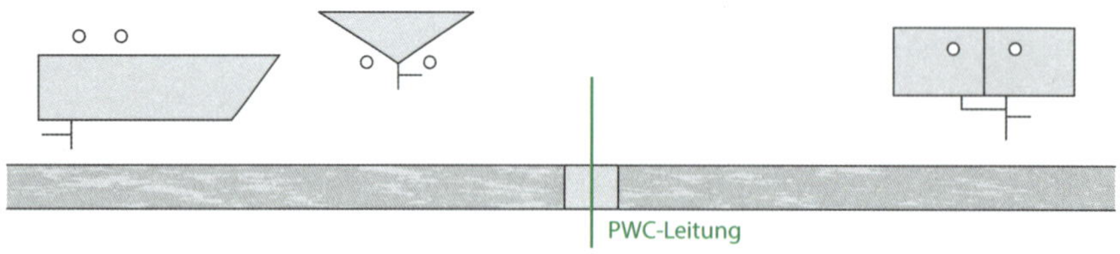

Gruppenversorgung

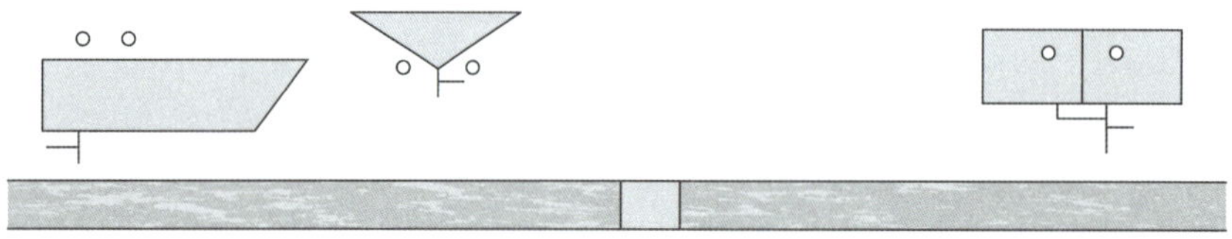

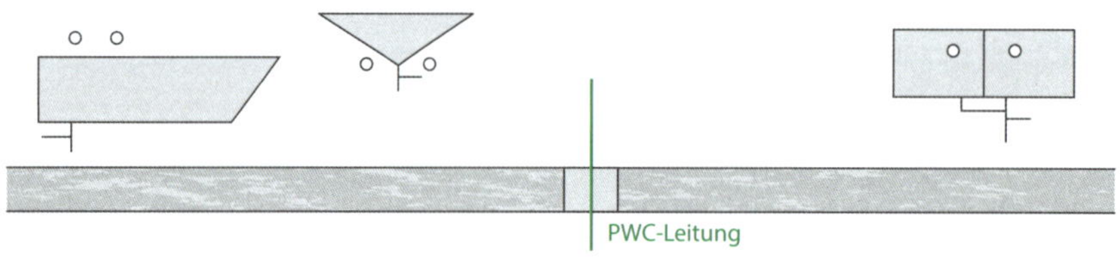

Zentrale Versorgung

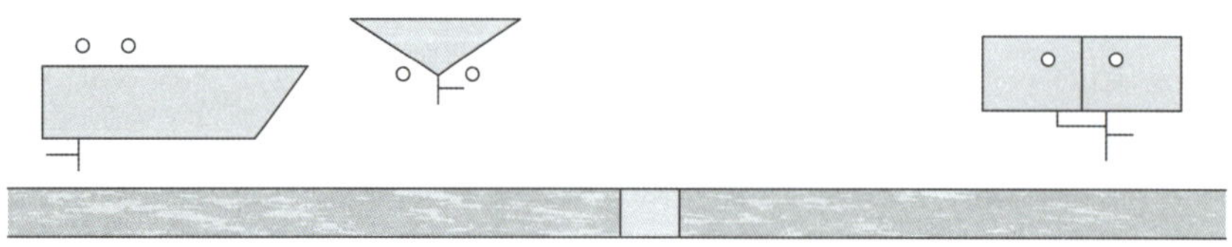

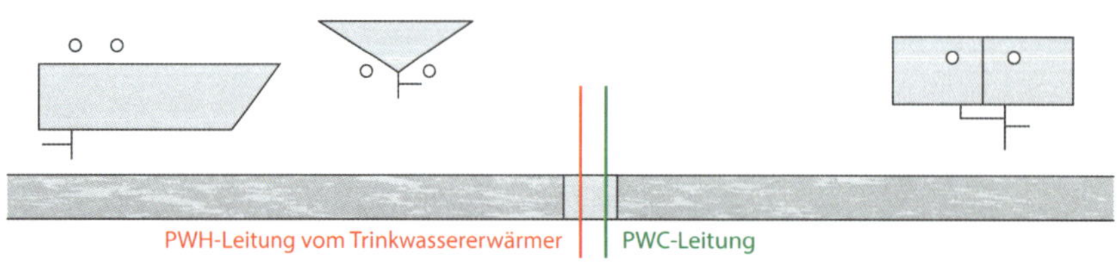

3 Ein Trinkwassererwärmer wird grundsätzlich nach drei Kriterien eingeteilt. Dabei handelt es sich um den Innendruck (offen bzw. geschlossen), die Systemart (Speicher- bzw. Durchflusssystem) und die Beheizungsart (direkt bzw. indirekt).

a) Erläutern Sie mithilfe des Fachbuches 3137 die folgenden Trinkwassererwärmer. [Seiten 77 bis 80]

b) Ordnen Sie die Trinkwassererwärmer je einer Versorgungsart zu.

geschlossener, indirekt beheizter Speicher-Trinkwassererwärmer

a)

b)

offener, direkt beheizter Durchfluss-Trinkwassererwärmer

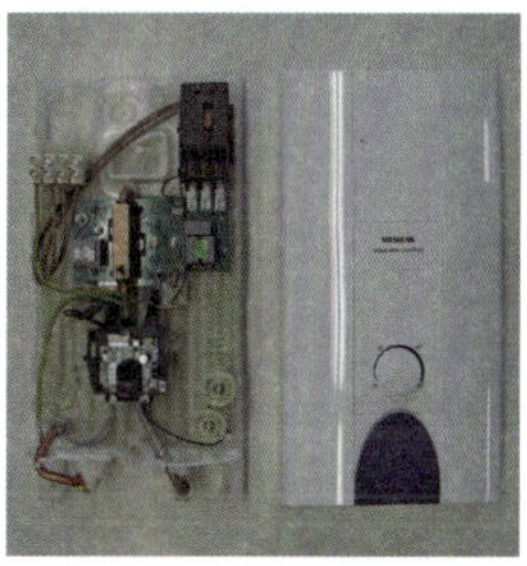

a)

b)

geschlossener, indirekt beheizter Durchfluss-Trinkwassererwärmer (Frischwasserstation)

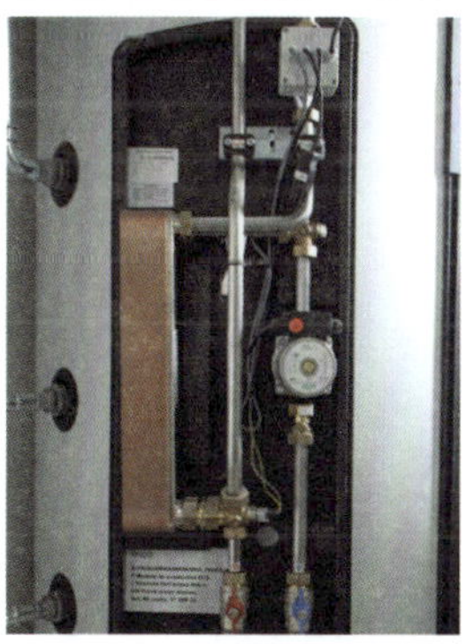

a)

b)

offener, direkt beheizter Speicher-Trinkwassererwärmer

a)

b)

Datum

Name

4 Aktuell befinden sich in der Wohnung Ihres Kunden jeweils ein geschlossener, direkt beheizter Speicher-Trinkwassererwärmer in den Bädern und ein offener, direkt beheizter Durchfluss-Trinkwassererwärmer in der Küche. Diese Trinkwassererwärmer werden jeweils elektrisch beheizt. Bei einer Entscheidung für die zentrale Versorgung käme ein geschlossener, indirekt über die Gastherme beheizter Speicher-Trinkwassererwärmer infrage.

[+] a) Nennen Sie Vor- und Nachteile des Speicher-Trinkwassererwärmers im Vergleich zum Durchfluss-Trinkwassererwärmer.

b) Stellen Sie die jährlichen Kosten für die Beheizung des Warmwassers (Berechnung über die Formel: $Q = m \cdot c \cdot \Delta\theta$) für die beiden Versorgungsarten gegenüber. Gehen Sie dabei von folgenden Bedingungen aus:

- 3-Personen-Haushalt, durchschnittlich 360 Tage pro Jahr anwesend
- Wasserbedarf von 60 °C warmen Wassers pro Tag und Person: 50 Liter
- Kaltwassertemperatur: 10 °C
- Preis für elektrische Energie: k = 0,28 €/kWh; Preis für Gas: k = 0,08 €/kWh

Berechnung des Jahresenergieverbrauchs der Warmwasserbereitung	
Kosten der Einzel- bzw. Gruppenversorgung mit elektrischer Beheizung	**Kosten der zentralen Versorgung über Gastherme**

Installation eines elektrisch beheizten Trinkwassererwärmers

1 Zur Wohnung Ihres Kunden gehört auch eine Garage inklusive Waschbecken. Die Größe der Garage lässt es zu, dass sich Ihr Kunde darin eine kleine Werkstatt einrichtet. Er möchte von Ihnen eine Beratung hinsichtlich der Installation eines Warmwasseranschlusses, da das Waschbecken nur einen Kaltwasseranschluss besitzt.

Nennen Sie Ihrem Kunden Gründe, warum Sie in seiner Garage die Installation eines elektrisch beheizten Klein-Trinkwassererwärmers eher empfehlen, als dass Sie das Waschbecken an die zentrale Trinkwassererwärmungsanlage anschließen.

2 Wasser und elektrischer Strom dürfen nicht miteinander in Berührung kommen.

a) Nennen Sie mögliche Gefahren, die durch solch einen Kontakt entstehen. [+]

b) Erläutern Sie Maßnahmen, die bei elektrischen Trinkwassererwärmern dafür sorgen, dass die Gefahren, die bei Kontakt von Wasser und elektrischem Strom bestehen, minimiert bzw. verhindert werden.

[+] c) Nennen Sie die fünf Regeln, die Sie einhalten müssen, bevor Sie Arbeiten an elektrischen Geräten beginnen.

3 Eine mögliche Variante für einen elektrisch beheizten Trinkwassererwärmer in der Garage wäre ein offener Untertisch-Kleinspeicher, wie ihn das unten dargestellte Beispiel aus einer Küche zeigt.

a) Zeichnen Sie die PWC- und PWH-Trinkwasserleitungen in das Schema rechts ein.

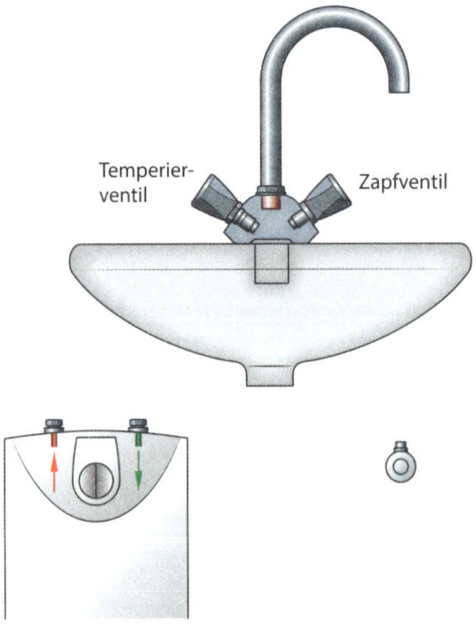

Datum

Name

b) Im Gegensatz zu einer Standard-Mischarmatur verfügt die Mischarmatur für einen offenen Trinkwassererwärmer über drei Anschlüsse. Begründen Sie diese Tatsache.

c) Ein offener Trinkwassererwärmer wird auch als „druckloser Trinkwassererwärmer" bezeichnet. Erklären Sie diesen Zusammenhang.

d) Ordnen Sie die deutsche Übersetzung folgender englischer Begriffe der schematischen Zeichnung des offenen Speicher-Trinkwassererwärmers zu:
outer jacket; tank; thermal insulation; tubular heating element; temperature sensor; temperature selector switch; protective anode; overflow pipe

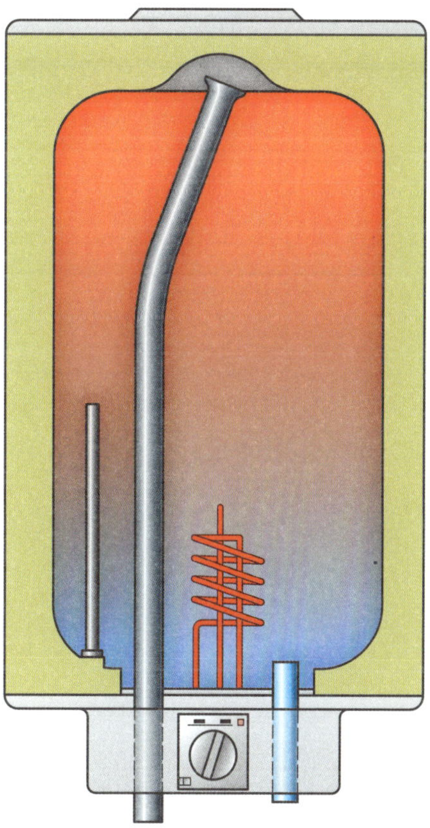

4 Erstellen Sie einen Arbeitsplan für die Installation eines offenen Untertisch-Kleinspeichers in der Garage Ihres Kunden. Gehen Sie dabei davon aus, dass ein entsprechender elektrischer Anschluss bereits vom Elektriker vorgesehen wurde.

Arbeitsplan			
Nr.	**Arbeitsschritt**	**erforderliches Werkzeug/ Hilfsmittel**	**Bemerkung**
1.			
2.			
3.			
4.			
5.			
6.			
7.			
8.			
9.			
10.			
11.			
12.			
13.			
14.			
15.			

Datum

Name

Trinkwassererwärmung durch die zentrale Heizungsanlage

1 Ihr Kunde entscheidet sich für die Bereitstellung seines Trinkwarmwassers über die zentrale Heizungsanlage. Hierfür kommen drei Möglichkeiten infrage.

a) Benennen Sie die dargestellten Varianten.

b) Geben Sie Ihrem Kunden eine Entscheidungshilfe, indem Sie wesentliche Merkmale der dargestellten Varianten so wie im Beispiel aufzählen.

	Gas-Kombiwasserheizer • geringer Platzbedarf • kein Montageaufwand • keine Verbindungsleitungen zwischen Heizkessel und Trinkwassererwärmer • Trinkwasser wird unmittelbar vor Gebrauch erwärmt

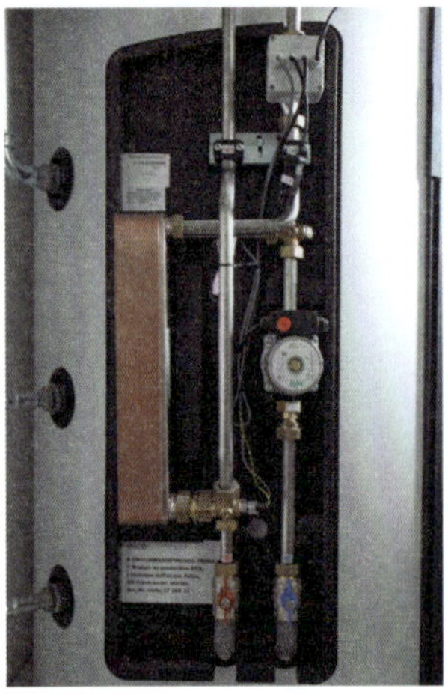

2 Verbinden Sie die Begrifffe unterhalb der drei Abbildungen mittels verschiedenfarbiger Linien mit den jeweils richtigen Anschlüssen bzw. Bereichen in den Abbildungen.

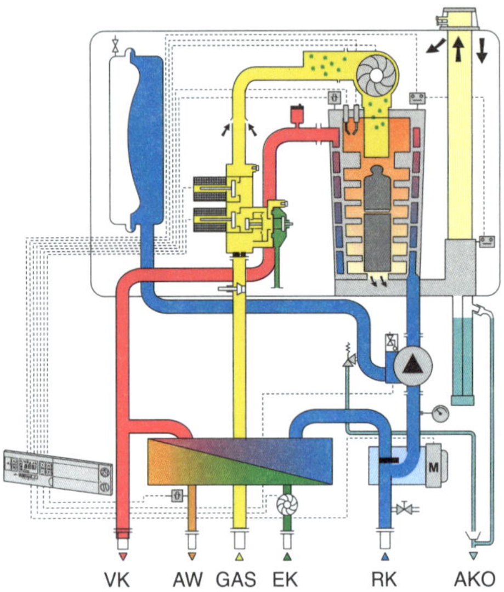

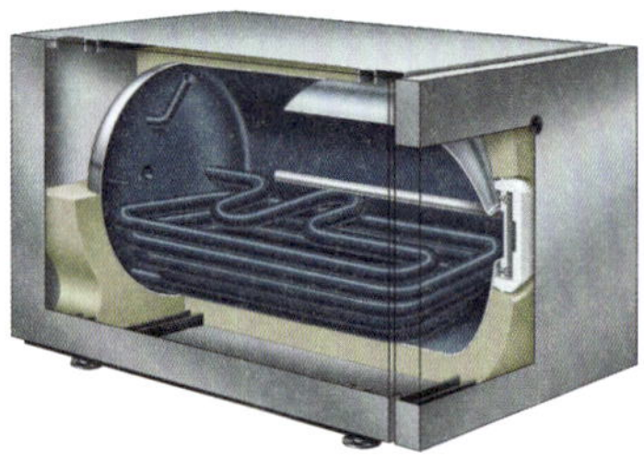

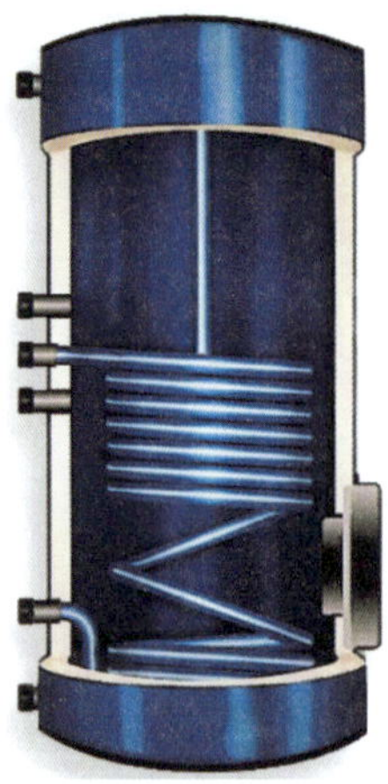

Kaltwasseranschluss PWC
Warmwasseranschluss PWH
Heizungsvorlauf VL
Heizungsrücklauf RL
Trinkwasser

Datum

Name

Aufbau, Wirkungsweise und Betriebsweise einer thermischen Solaranlage

1 Sieht man sich in südlichen Ländern etwas genauer um, so kann man folgende selbstgebaute Vorrichtungen entdecken, die alle zur Erwärmung von Wasser dienen.

a) Erläutern Sie das Prinzip, auf dem alle drei dargestellten Arten von Wassererwärmern beruhen. [Seite 123]

b) Die in Deutschland verbauten Kollektoren von thermischen Solaranlagen sind um einiges komplexer. Erläutern Sie, warum Solarkollektoren hierzulande nicht so einfach aufgebaut sein können, wie sie in den Abbildungen oben dargestellt sind. [Seite 123]

2 In Deutschland werden hauptsächlich Flach- und Vakuumröhrenkollektoren installiert.

a) Benennen Sie die im Schnitt und in der Draufsicht unten dargestellten Kollektorarten.

b) Ordnen Sie den beiden Kollektorarten – sofern möglich – die folgenden Begriffe zu und verbinden Sie diese mittels verschiedenfarbiger Linien mit dem jeweils richtigen Bauteil im Schnitt und in der Draufsicht:
Rahmen; Wärmedämmung; Absorber; Glasabdeckung; Glasröhre; Wärmeträgerrohr

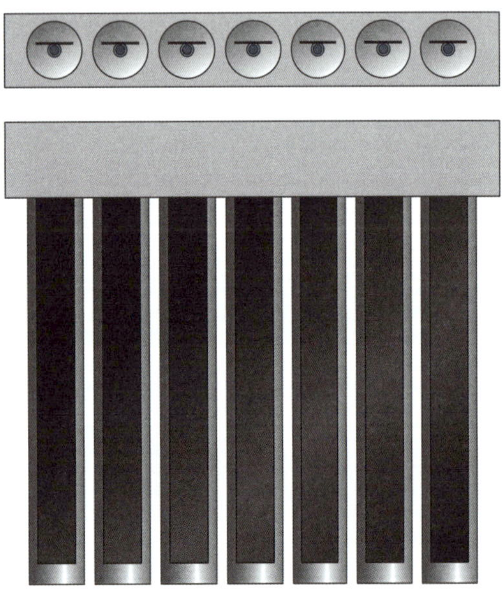

Datum

Name

c) Der Flachkollektor besitzt eine aufwendige Rahmenkonstruktion, um Wärmeverluste zu minimieren. Nennen Sie die thermischen Verluste (siehe Abbildung unten), die bei einem Vakuumkollektor nicht auftreten.

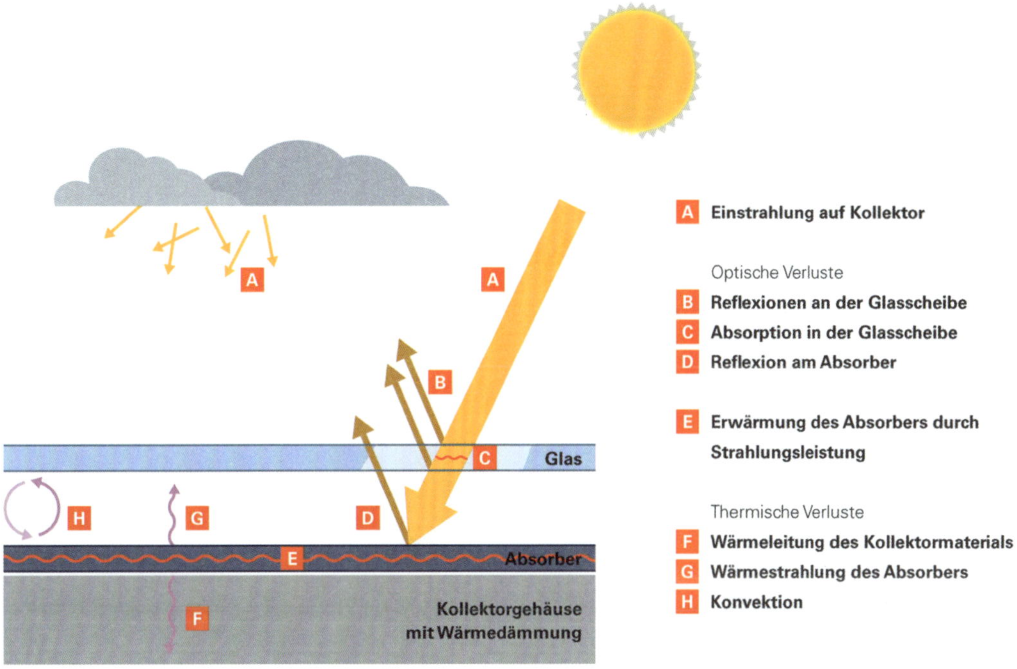

d) Erklären Sie, wie bei einem Vakuumkollektor die thermischen Verluste minimiert bzw. verhindert werden.

3 Um die Sonnenenergie im Haus nutzen zu können, muss die Wärmeenergie über den Solarkreislauf zum Speicher transportiert werden. Dazu werden verschiedene Bauteile benötigt. Benennen Sie die Teile eines Solarkreislaufs in der unten stehenden Tabelle und beschreiben Sie deren Aufgabe.

Bauteil des Solarkreislaufs	Bezeichnung	Aufgabe

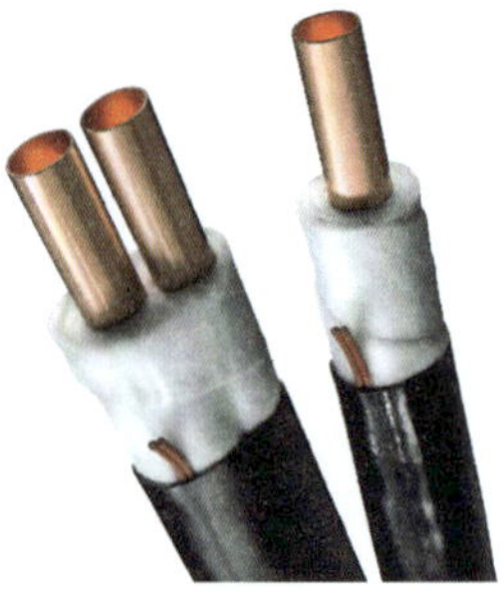		

Bauteil des Solarkreislaufs	Bezeichnung	Aufgabe
	Volumenstrom-messer	Anzeigen und Einstellen des Volumenstroms, damit die Wärmeträgerflüssigkeit die maximale Energiemenge aufnehmen und die Anlage effektiv arbeiten kann.
		Ein- und Ausschalten der Pumpe bei entsprechenden Fühlertemperaturen.

4 Ein kleines, aber wesentliches Bauteil ist die Schwerkraftbremse. Diese soll die Schwerkraftzirkulation unterbinden.

a) Erklären Sie das Phänomen der Schwerkraftzirkulation. Informieren Sie sich dazu, z. B. im Internet. [+]

b) Beschreiben Sie eine Situation, bei der es in einer solarthermischen Anlage zur Schwerkraftzirkulation kommen kann.

Schwerkraft-
zirkulation

c) Beschreiben Sie die Aufgabe der Schwerkraftbremse und nennen Sie die Stelle(n) im Solarkreislauf, an denen sie eingebaut wird.

5 Um die Wärme zum richtigen Zeitpunkt in den Speicher transportieren zu können, benötigt der Solarkreis eine Regelung. Erklären Sie die unterschiedlichen Situationen, indem Sie für die folgenden Aussagen ein Kreuz an die richtige Stelle setzen.

Aussage	**Pumpe ein**	**Pumpe aus**
Die Temperatur im Speicher ist tiefer als im Kollektor.		
Die Temperatur im Speicher ist höher als im Kollektor.		
Die Temperatur im Kollektor ist höher als im Speicher.		
Die Temperatur im Kollektor ist tiefer als im Speicher.		
Die Temperatur im Kollektor entspricht der Temperatur im Speicher.		
Die maximal eingestellte Temperatur im Speicher ist erreicht.		

Datum Name

6 Vervollständigen Sie das Anlagenschema mit den notwendigen Armaturen und den Signalleitungen für den Regler.

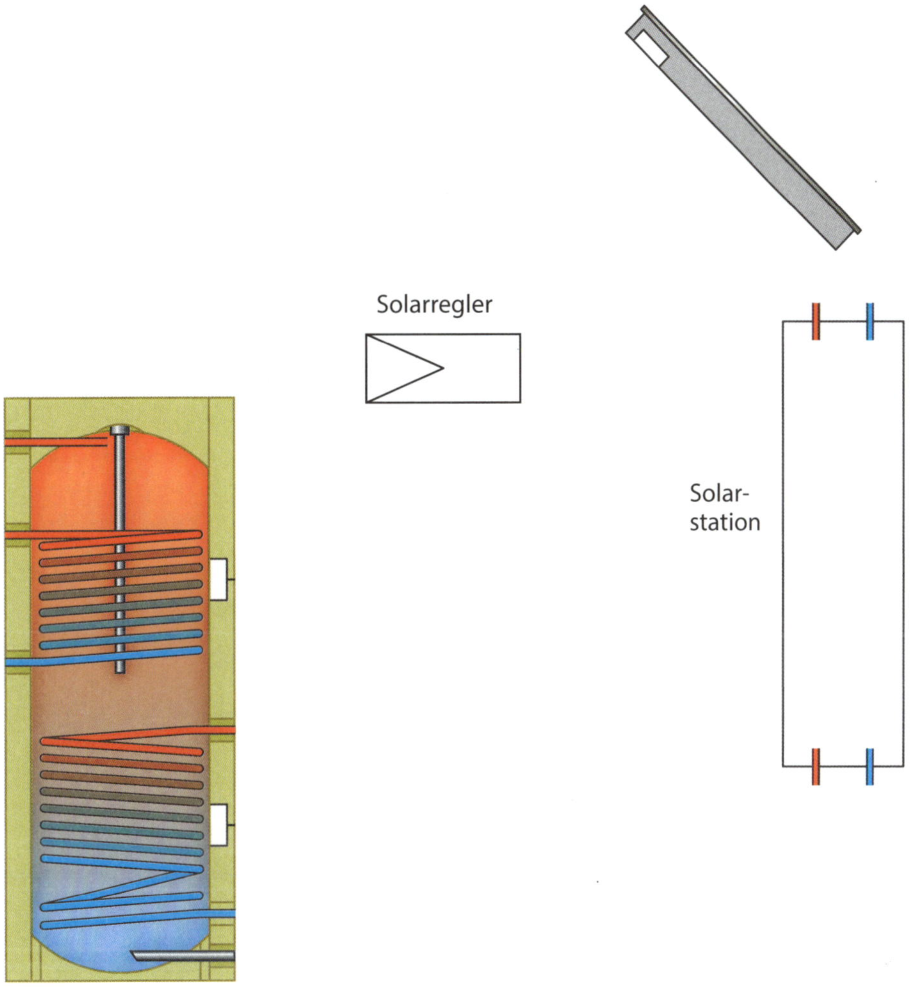

7 Um Kosten für die Wassererwärmung zu sparen, möchte Ihr Kunde sein Trinkwasser über eine thermische Solaranlage erwärmen.

a) Ein Vorteil der Warmwasserbereitung mittels Solaranlage ist, dass der Wärmeerzeuger im Sommer vollständig abgeschaltet ist. Nennen Sie weitere Vorteile der Solaranlage. [Seite 115]

b) Bei der Planung der Größe einer thermischen Solaranlage ist ein Kriterium die solare Deckungsrate. Erläutern Sie den Begriff „solare Deckungsrate". [Seiten 116, 117 und 136]

c) Welche solare Deckungsrate ist in Deutschland realistisch?

d) Nennen Sie weitere Einflussgrößen, die Sie bei der Auslegung einer Solaranlage beachten müssen.

Datum

Name

e) Ihr Kunde möchte sich mit seinem Nachbarn, der in der Wohnung unter ihm wohnt, die Kosten für eine thermische Solaranlage teilen. Bestimmen Sie die Größe des Solarspeichers und die Anzahl der Kollektoren unter Beachtung folgender Bedingungen und unter Berücksichtigung der Angaben im unten stehenden Nomogramm:

- beide Haushalte bestehen aus je drei Personen
- der Wasserverbrauch pro Person beträgt 50 l
- die solare Deckungsrate soll bei 60 % liegen
- das Haus befindet sich in der Nähe von Stuttgart
- die Neigung des nach Süden ausgerichteten Daches beträgt 60°

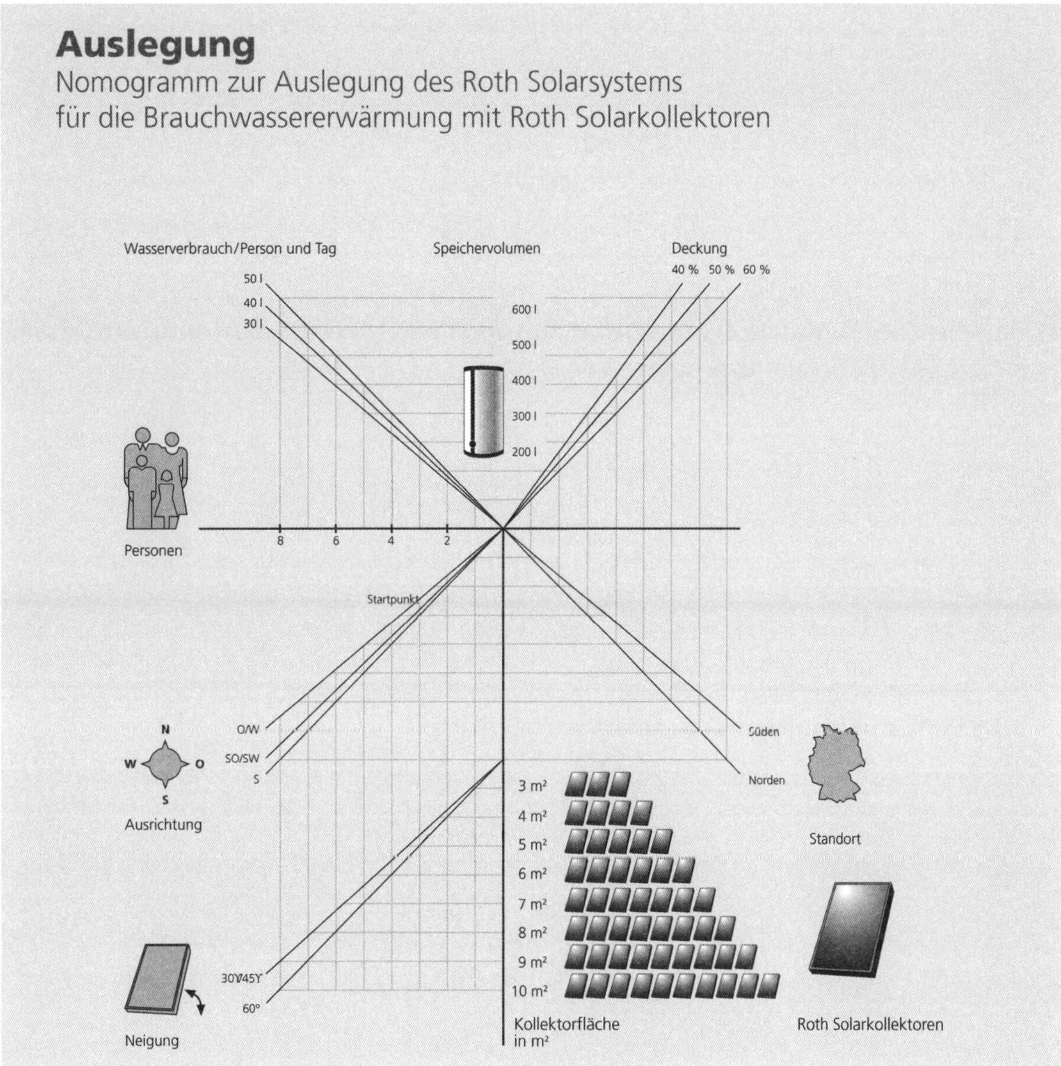

Speichergröße	
Kollektoranzahl (Fläche je Kollektor: 2 m²)	

8 Ihr Kunde würde gerne von Ihnen wissen, wann sich seine solarthermische Anlage amortisiert, d. h. wann die Anlage die Menge an Sonnenenergie geliefert hat, bei der sich die Kosten für ihre Anschaffung decken.

a) Berechnen Sie die jährliche erforderliche Wärmemenge für die Erwärmung des Trinkwassers (zur Erinnerung: die Anlage ist für sechs Personen ausgelegt, jede der Personen benötigt pro Tag 50 Liter 60 °C warmen Wassers (Kaltwassertemperatur: 10 °C) und die Personen sind durchschnittlich 360 Tage pro Jahr anwesend).

b) Die solare Deckungsrate der Anlage beträgt 60 %. Berechnen Sie den Anteil am Gesamtwärmebedarf, den die Solaranlage decken kann.

c) Die Nachheizung erfolgt durch einen Gaskessel (Kosten pro kWh: 0,08 €). Berechnen Sie die jährliche Einsparung durch die solarthermische Anlage.

d) Berechnen Sie die Amortisationsdauer der solarthermischen Anlage, wenn die Anschaffungskosten der Anlage inklusive Installation 6000,– € betragen.

Datum

Name

9 Eine thermische Solaranlage muss in regelmäßigen Abständen gewartet werden. Eine der Wartungsaufgaben ist das Spülen des Solarkreises. Erstellen Sie anhand der folgenden Anleitung einen Arbeitsplan für die Durchführung der Spülung und der Wiederbefüllung.

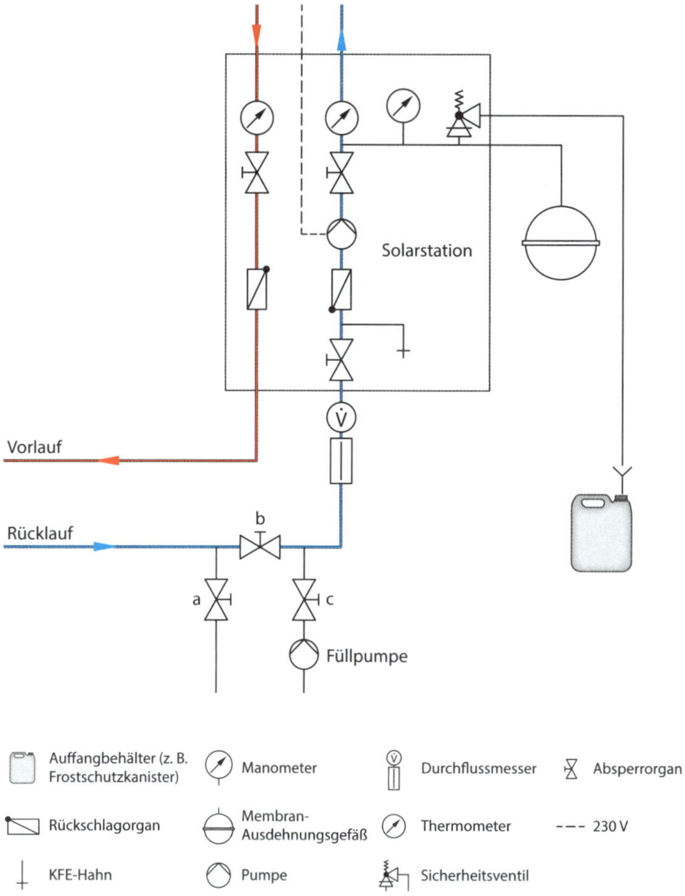

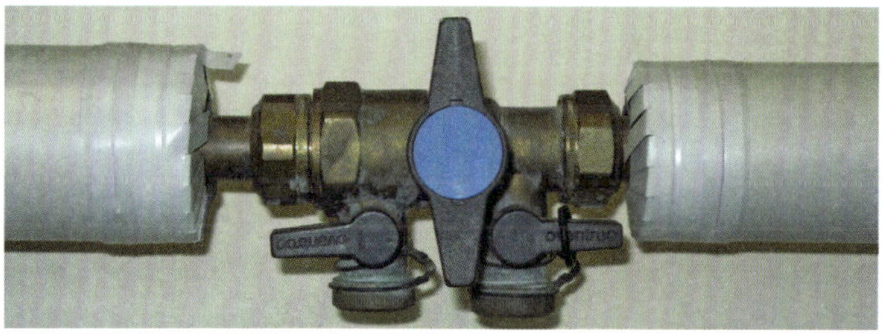

Spülarmatur (Hähne a, b, c), Hahn b geschlossen

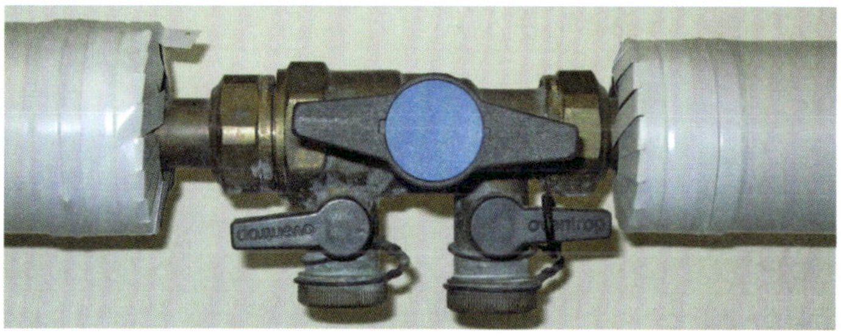

Spülarmatur (Hähne a, b, c), Hahn b offen

Spülen und Wiederbefüllen eines Solarkreises

Zum Spülen der Anlage ist der Wasserschlauch an den Füllhahn „c" anzuschließen, der davorliegende Hahn „b" zu schließen und das aus dem Hahn „a" austretende Wasser abzuleiten (siehe Abbildung). Gegen Abschluss des Spülvorgangs ist der Hahn „b" kurz zu öffnen, um die Kurzschlussstrecke ebenfalls zu spülen.

Das unverdünnte Frostschutzkonzentrat wird mit Wasser in einem sauberen Eimer oder im Behälter einer Abdrückpumpe gemischt. Hierbei sollte ein vom Anlagenhersteller vorgegebenes Mischungsverhältnis erzielt werden. Das Mischen in der Anlage ist nicht zu empfehlen. Vorgemischte Solarflüssigkeiten werden direkt in die Anlage gegeben.

- Den Füllschlauch an den Füllhahn „c" (siehe Abbildung) anschließen.
- Nebenliegenden Absperrkugelhahn „b" schließen und einen weiteren Schlauch vom Entleerungshahn „a" in das Mischgefäß legen.
- Die Anlage mithilfe einer Bohrmaschinenpumpe, einer Kreiselpumpe oder einer Prüfpumpe über den Füllhahn „c" befüllen.
- Den Anlagenbetriebsdruck am Einbauort des Manometers auf die statische Höhe der Anlage plus ca. 0,5 bar bis 0,8 bar Überdruck einstellen.
- Die Kollektorkreispumpe in Betrieb nehmen, nach ausreichender Durchmischung etwas Wärmeträgerflüssigkeit aus einem Füll-/Entleerungshahn zapfen und nochmals auf Frostsicherheit überprüfen.

(Quelle: Deutsches Kupferinstitut: Die fachgerechte Installation von thermischen Solaranlagen 2006, Seite 19)

Datum

Name

Arbeitsplan		
Nr.	**Arbeitsschritt**	**Bemerkung/Hilfsmittel**
1.		
2.		
3.		
4.		
5.		
6.		
7.		
8.		
9.		
10.		
11.		
12.		
13.		
14.		
15.		
16.		
17.		
18.		
19.		
20.		
21.		
22.		
	Inbetriebnahme- bzw. Instandhaltungs-Protokoll ausfüllen	

Datum

Name

Anschluss von geschlossenen Trinkwassererwärmern

1 Nach DIN 1988-200 ist in die Trinkwasserzuleitung eines geschlossenen Speicher-Trinkwassererwärmers ein Sicherheitsventil einzubauen.

a) Erläutern Sie die Funktionsweise eines federbelasteten Membran-Sicherheitsventils.

b) Nennen Sie Einbauvorschriften für die Installation eines Sicherheitsventils.

c) Bei der obligatorischen jährlichen Instandhaltung einer haustechnischen Anlage sollte auch das Membran-Sicherheitsventil überprüft werden. Beschreiben Sie die Prüfung des Membran-Sicherheitsventils.

2 Ebenso wie die Sicherheit, spielt beim Anschluss eines Trinkwassererwärmers auch die Sicherung der Trinkwasserqualität eine entscheidende Rolle. Nennen Sie die Armatur, mit deren Hilfe die Qualität des Trinkwassers bewahrt wird, und beschreiben Sie ihre Funktionsweise.

Datum

Name

3 Ihr Kunde hat sich für einen geschlossenen Speicher-Trinkwassererwärmer entschieden. Dieser soll einen Trinkwasserinhalt von 180 Litern aufweisen. In der Abbildung unten ist der trinkwasserseitige Anschluss eines solchen Speicher-Trinkwassererwärmers dargestellt. Nummerieren Sie die Armaturen der Trinkwasserzuleitungen durch und vervollständigen Sie die nachfolgende Tabelle.

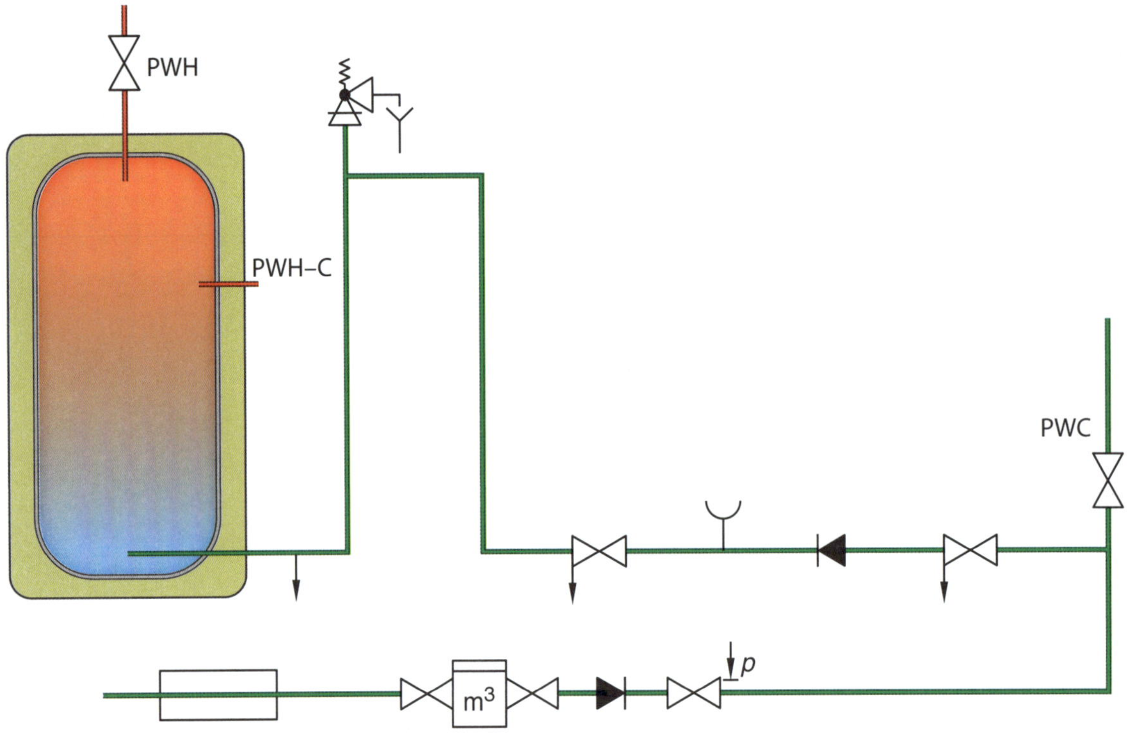

Nr.	Symbol	Bezeichnung	Aufgabe
1			
2			
3			
4			
5			
6			
7			

Datum

Name

Temperaturhaltesysteme

1 Es soll überprüft werden, ob das PWH-Verteilungssystem in der Wohnung Ihres Kunden mit einem Temperaturhaltesystem ausgestattet werden muss.

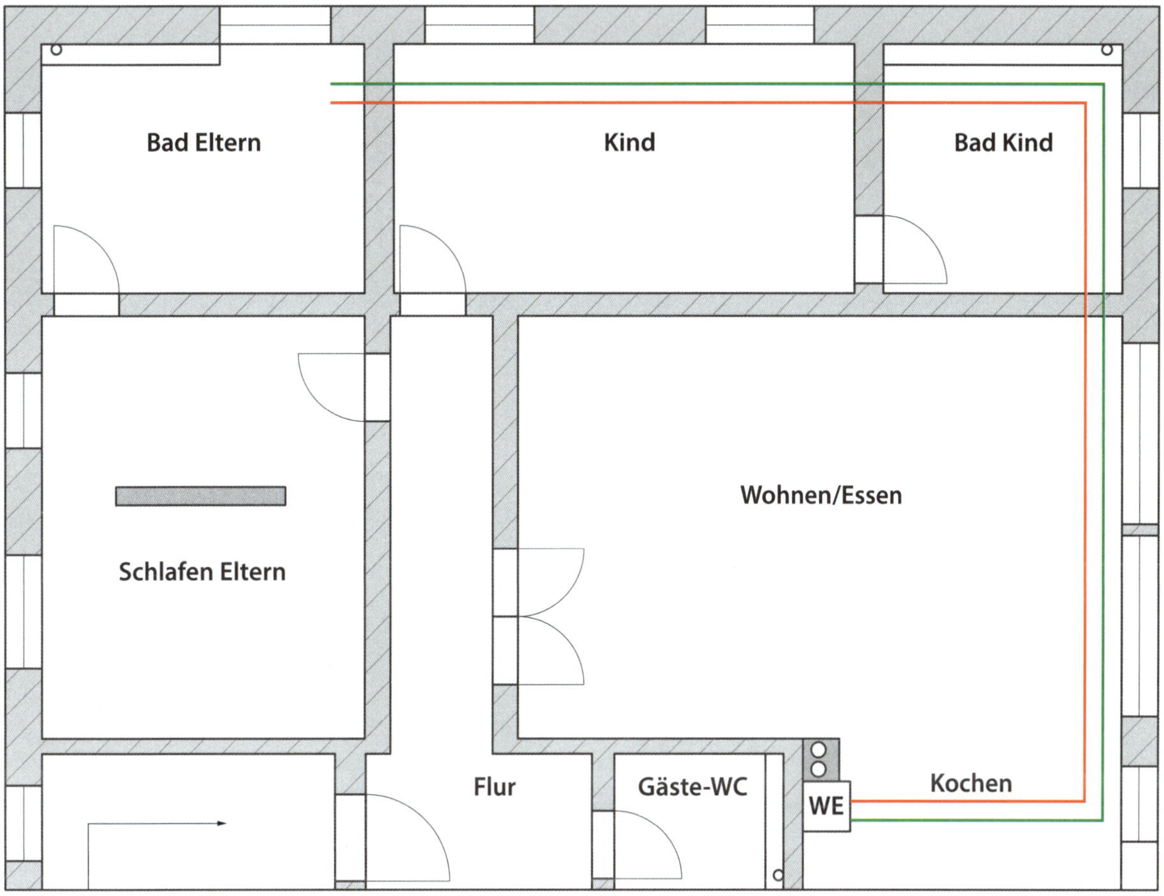

Maßstab 1 : 100

a) Bestimmen Sie die Länge der Warmwasserleitung vom Wärmeerzeuger zum Elternbad.

b) Aufgrund der hochwertigen Ausstattung des Elternbades weist die Warmwasserleitung einen Innendurchmesser von 20 mm auf. Bestimmen Sie das Leitungsvolumen der Warmwasserleitung.

c) Nennen Sie den geltenden Grenzwert für den größtmöglichen Wasserinhalt der PWH-Leitung, bei dem der Einbau eines Temperaturhaltesystems nicht notwendig ist.

d) Entscheiden Sie: Ist in dieser Anlage der Einbau eines Temperaturhaltesystems notwendig? Begründen Sie Ihre Entscheidung.

2 Eine Möglichkeit der Temperaturhaltung ist das Zirkulationssystem. Ihr Kunde möchte einen Überblick der zu erwartenden Stromkosten für den Betrieb einer Zirkulationspumpe haben. Bestimmen Sie die Stromkosten anhand des folgenden Beispiels.

a) Nennen und begründen Sie die vorgeschriebene tägliche Mindestbetriebszeit einer Zirkulationspumpe.

b) Bestimmen Sie die jährlichen Kosten für den Betrieb der Zirkulationspumpe (siehe rechte Abbildung auf der Seite 54, „P" im roten Kreis), wenn Sie von 365 Tagen im Jahr ausgehen und der aktuelle Strompreis 0,28 €/kWh beträgt.

c) Informieren Sie sich in Ihrem Betrieb über die Mehrkosten, die für die Installation eines Zirkulationssystems anfallen. Nennen Sie die Kostenarten. [+]

3 Eine zweite Möglichkeit der Temperaturhaltung ist die Rohrbegleitheizung. Vergleichen Sie die Funktionsweise einer Rohrbegleitheizung mit der eines Zirkulationssystems. Stellen Sie dabei die Vorteile beider Systeme heraus.

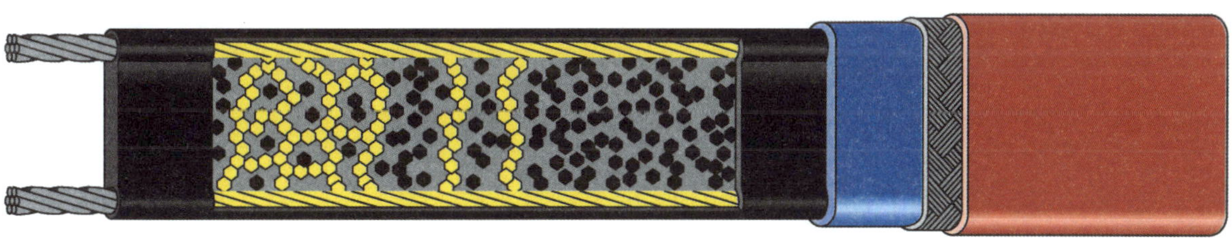

4 Vervollständigen Sie folgende Zeichnung, indem Sie die Zirkulationsleitung ergänzen.

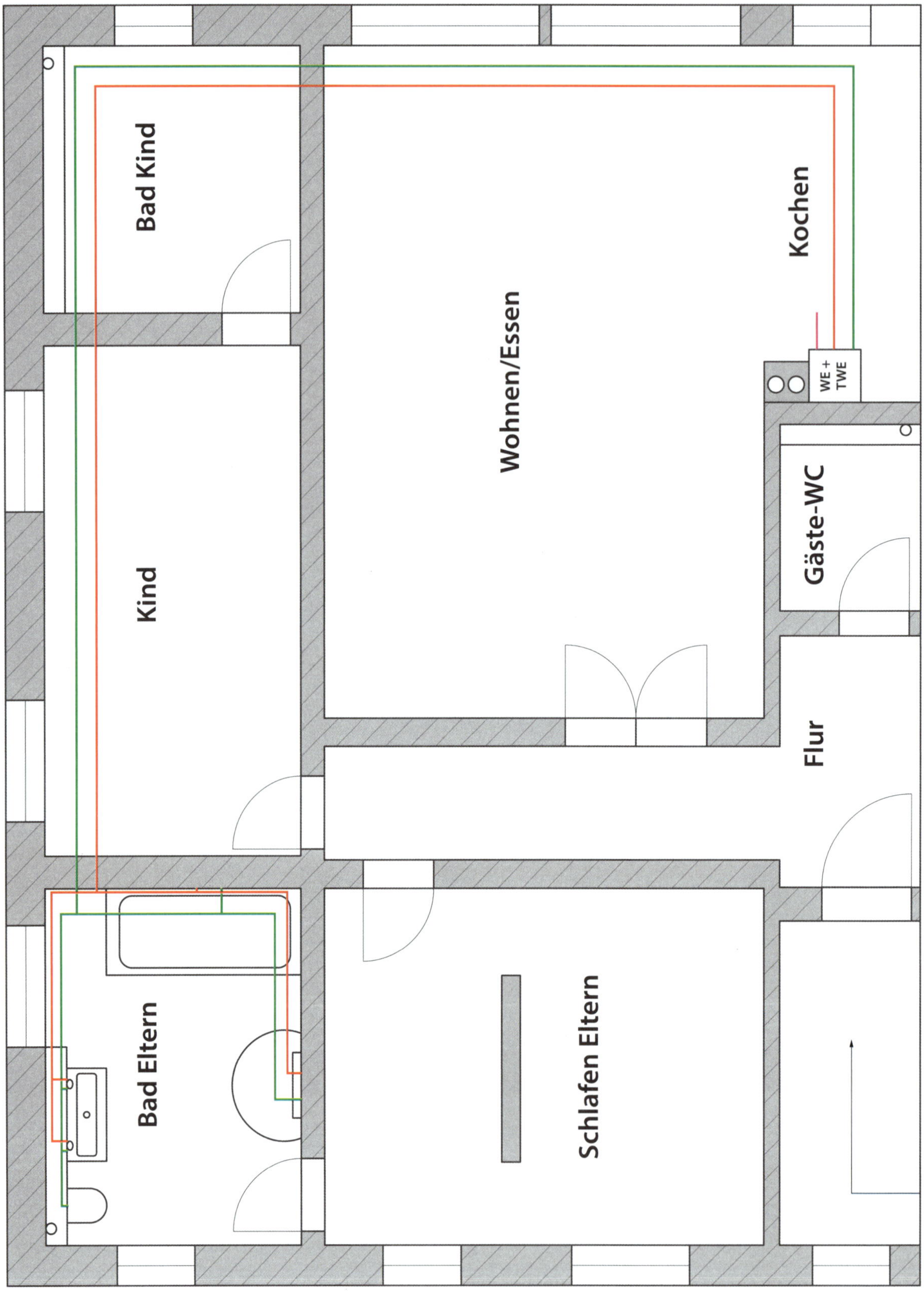

Datum

Name

Gasbrenner

1 Kreuzen Sie die richtigen Antworten an. Es können mehrere Antworten richtig sein!

1. Atmosphärischer Brenner		
		a) Er besitzt ein Luftgebläse.
		b) Die Flamme saugt die Verbrennungsluft an.
		c) Die gesamte Verbrennungsluft wird beim Vollvormischbrenner vor der Verbrennung mit dem Brenngas vermischt.
		d) Die gesamte Verbrennungsluft wird beim Teilvormischbrenner vor der Verbrennung mit dem Brenngas vermischt.
2. Bei einer automatischen Zündeinrichtung …		
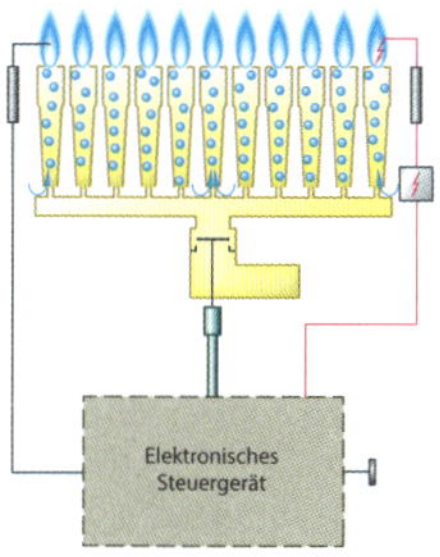		a) … benötigt man keinen Stromanschluss.
		b) … brennt ständig eine Zündflamme.
		c) … wird ein Zündtrafo benötigt.
		d) … werden Zündelektroden benötigt.
3. Ionisations-Flammenüberwachung		
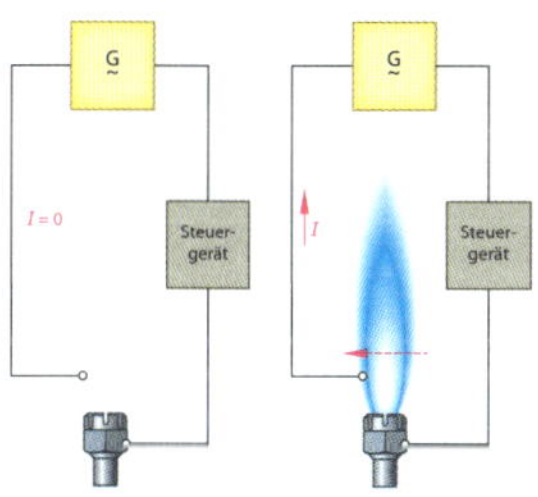		a) Entzündetes Brenngas ist Strom leitend.
		b) Entzündetes Brenngas ist nicht Strom leitend.
		c) Es fließt ein Wechselstrom.
		d) Es fließt ein pulsierender Gleichstrom.
4. UV-Flammenüberwachung		
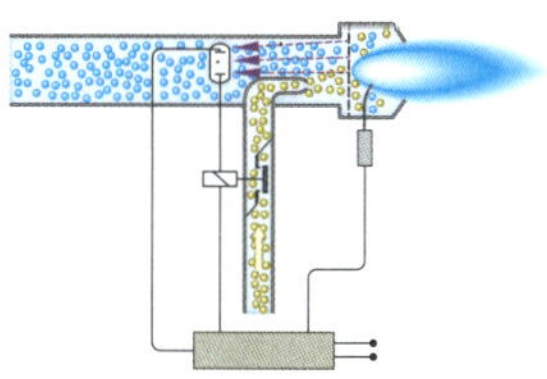		a) Die UV-Diode reagiert auf Fremdlicht.
		b) Die UV-Diode ist preisgünstig.
		c) Gasflammen erzeugen ultraviolettes Licht.
		d) Gasflammen erzeugen infrarotes Licht.
5. Die Gasregelstrecke besteht in richtiger Reihenfolge aus …		
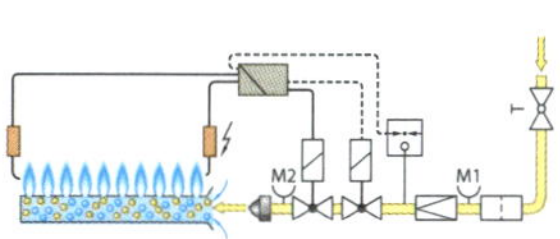		a) … Magnetventil, Gasdruckregler, Magnetventil, Gasfilter.
		b) … Absperreinrichtung, Gasfilter, Magnetventil, Magnetventil, Druckwächter.
		c) … Gasfilter, Gasdruckregler, Druckwächter, Magnetventil, Magnetventil.
		d) … Absperreinrichtung, Gasfilter, Gasdruckregler, Druckwächter, Magnetventil, Magnetventil.

Datum   Name

6. Gasregelstrecke

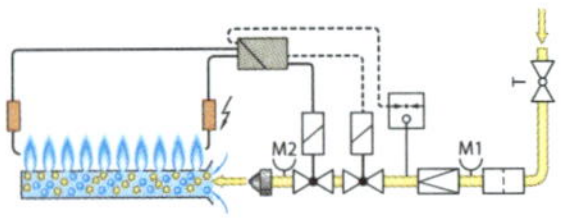		a) Der Gasdruckwächter regelt den Druck.
		b) TAE steht für Temperatur-Ausgleichs-Einheit.
		c) TAE steht für thermisch auslösende Absperreinrichtung.
		d) Der Gasdruckregler gleicht Druckschwankungen aus.

7. Gasgebläsebrenner

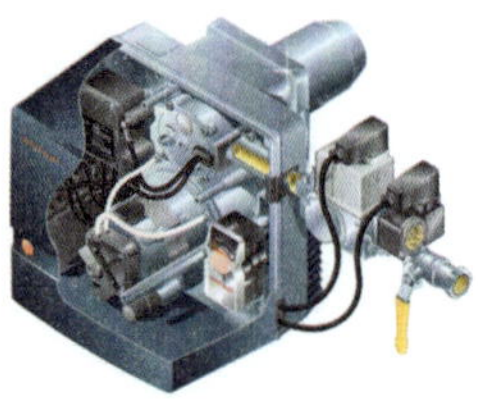		a) Die Verbrennungsluft wird durch ein Gebläse zugeführt.
		b) Die Verbrennungsluft kann genauer dosiert werden.
		c) Gasgebläsebrenner ähneln Ölgebläsebrennern.
		d) Gasgebläsebrenner gibt es bereits ab 3 kW Leistung.

8. Gasgebläsebrenner

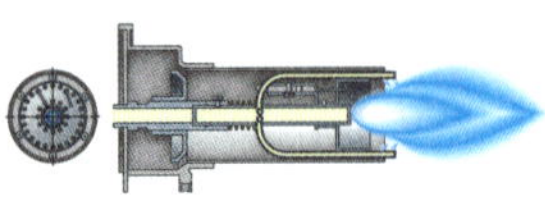		a) Gasgebläsebrenner werden nicht als Monoblockbrenner bezeichnet.
		b) Gasgebläsebrenner besitzen einen Luftdruckwächter.
		c) Die Verbrennungsluftklappe wird bevorzugt auf der Saugseite angeordnet.
		d) In der Mischeinrichtung werden die Verbrennungsluft und das Brenngas miteinander vermischt.

9. Maßnahmen zur Verringerung von Stickoxiden und Kohlenmonoxiden

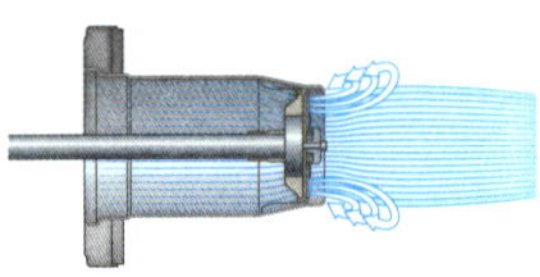		a) Es werden Stickoxidreduktionen bis zu 80 % erreicht.
		b) Durch stufenweise Verbrennung werden die Schadstoffe reduziert.
		c) Die stufenweise Verbrennung besteht aus drei Stufen.
		d) Es werden Stickoxidreduktionen bis zu 60 % erreicht.

10. Sonderausführungen von Gasbrennern

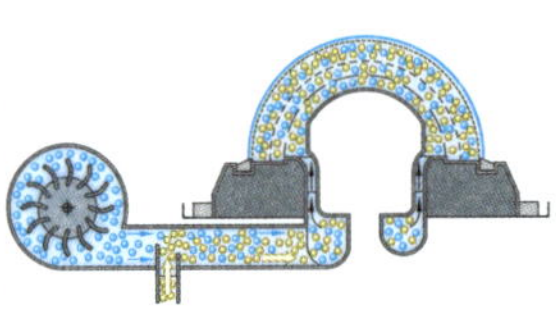		a) Ein Strahlungsbrenner arbeitet mit wesentlich höheren Strömungsgeschwindigkeiten.
		b) Beim Strahlungsflächenbrenner wird die Wärme überwiegend durch Konvektion an den Wärmeübertrager abgegeben.
		c) Beim Strahlungsflächenbrenner wird die Wärme überwiegend durch Strahlung an den Wärmeübertrager abgegeben.
		d) Flächenbrenner arbeiten geräuschlos.

Bereitstellung von Gasen

1 Ordnen Sie die deutsche Übersetzung folgender Begriffe mithilfe der Englisch-Deutsch-Vokabelliste im Fachbuch 3137 den Bildern zu (Mehrfachnennungen sind möglich). Tragen Sie die deutschen Begriffe in die Zeilen unterhalb der Bilder ein. [Seiten 187 ff.]

high-pressure pipeline networks; immovable storage; keep away ignition sources; liquefied gas; movable storage; natural gas; supraregional networks; storage for daily expenditure variance

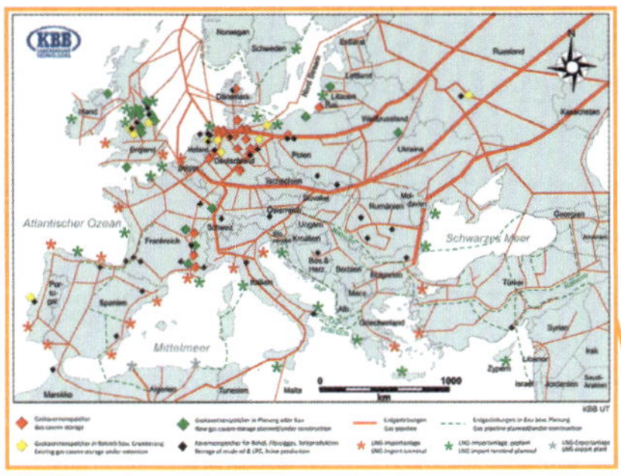

Bereitstellung von Gasen

Datum

Name

2 Kreuzen Sie die richtige (jeweils nur eine) Antwort an.

1.	Flüssiggas ist schwerer als Luft. Damit sich kein Gas ansammeln kann, darf es nicht in höher liegenden Bereichen gelagert werden.	
2.	Flüssiggas ist leichter als Luft. Damit sich kein Gas ansammeln kann, darf es nicht in tiefer liegenden Bereichen gelagert werden.	
3.	Flüssiggas ist schwerer als Luft. Damit sich kein Gas ansammeln kann, darf es nicht in tiefer liegenden Bereichen gelagert werden.	
4.	Flüssiggas ist leichter als Luft. Damit sich kein Gas ansammeln kann, darf es nicht in höher liegenden Bereichen gelagert werden.	

1.	Höchstens 16 Flüssiggasflaschen dürfen sich in einer Wohnung befinden.	
2.	Höchstens zwei Flüssiggasflaschen dürfen sich in einem Raum einer Wohnung befinden.	
3.	Höchstens zwei Flüssiggasflaschen dürfen sich im Schlafzimmer einer Wohnung befinden.	
4.	Höchstens zwei Flüssiggasflaschen dürfen sich in einer Wohnung befinden, allerdings nicht im Schlafzimmer.	

1.	In Zone 1 dürfen explosionsgeschützte Geräte der Kategorie 1 oder 2 verwendet werden und sie ist dauerhaft von Zündquellen frei zu halten.	
2.	In Zone 2 dürfen explosionsgeschützte Geräte der Kategorie 1 oder 2 verwendet werden und sie ist dauerhaft von Zündquellen frei zu halten.	
3.	In Zone 1 dürfen explosionsgeschützte Geräte der Kategorie 1 oder 2 verwendet werden und sie muss nicht dauerhaft von Zündquellen frei gehalten werden.	
4.	In Zone 1 dürfen explosionsgeschützte Geräte der Kategorie 1, 2 oder 3 verwendet werden und sie ist dauerhaft von Zündquellen frei zu halten.	

1.	Alle Räume und Bereiche, in denen sich Flüssiggasbehälter befinden, müssen mit dem Namen des Gases und mit der Gefahrenbezeichnung gekennzeichnet sein.	
2.	Alle Räume und Bereiche, in denen sich Flüssiggasbehälter befinden, müssen mit dem Namen des Gases, mit dem Gefahrensymbol und mit der Gefahrenbezeichnung gekennzeichnet sein.	
3.	Alle Räume und Bereiche, in denen sich Flüssiggasbehälter befinden, müssen mit dem Namen des Gases und mit dem Gefahrensymbol gekennzeichnet sein.	
4.	Alle Räume und Bereiche, in denen sich Flüssiggasbehälter befinden, müssen mit dem Gefahrensymbol und mit der Gefahrenbezeichnung gekennzeichnet sein.	

Datum ____________ Name ____________

3 Dargestellt ist die Gasleitung eines Einfamilienhauses von der Hauseinführung bis zum Gaszähler.

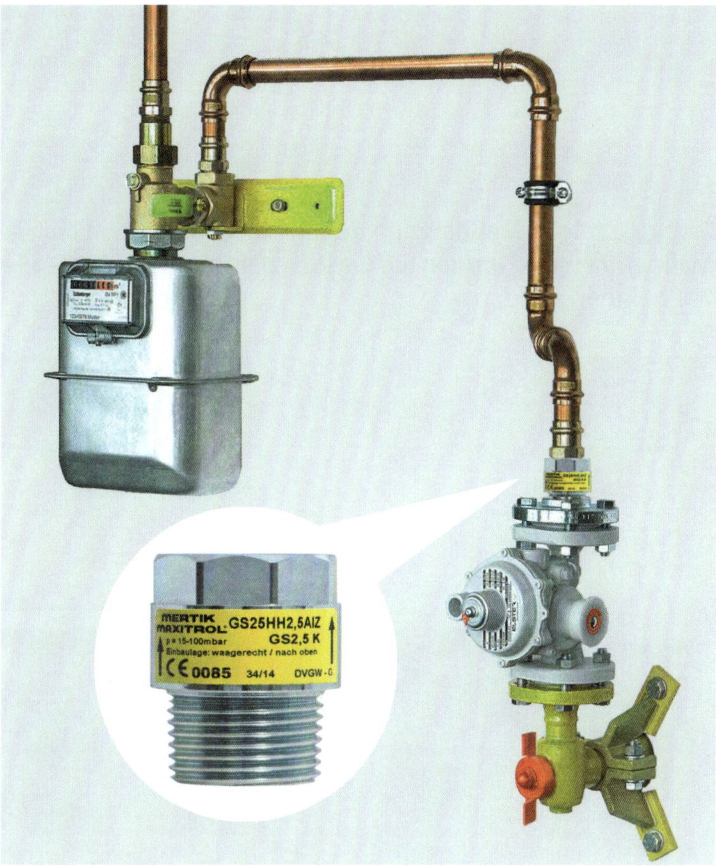

a) Betrachten Sie die Hauseinführung. Handelt es sich hier um eine Hauseinführungskombination älterer oder neuerer Bauart?

b) Beschreiben Sie die Vorschrift, die bezüglich des Axialausgleichs bei dieser Art von Hauseinführung beachtet werden muss.

Datum

Name

c) Wurde die Vorschrift hier eingehalten? Markieren Sie den 1. Festpunkt in der Abbildung auf der Seite 93 mit einem roten Kreis.

4 Die folgenden Abbildungen zeigen Maßnahmen gegen die Manipulation an Gasinstallationen. Bezeichnen Sie die Maßnahmen und ordnen Sie diese in der unten stehenden Tabelle den aktiven bzw. den passiven Maßnahmen zu.

aktive Maßnahmen	passive Maßnahmen

Datum

Name

5 Betrachten Sie in der Abbildung eines Musterhauses die verlegte Gasleitung. Ordnen Sie die in der unten stehenden Tabelle (Fortsetzung auf der Seite 64) genannte geltende Regel (jeweils eine) mit Ihrem jeweiligen Buchstaben der richtigen Markierung an der Gasleitung (grüner Kreis) zu.

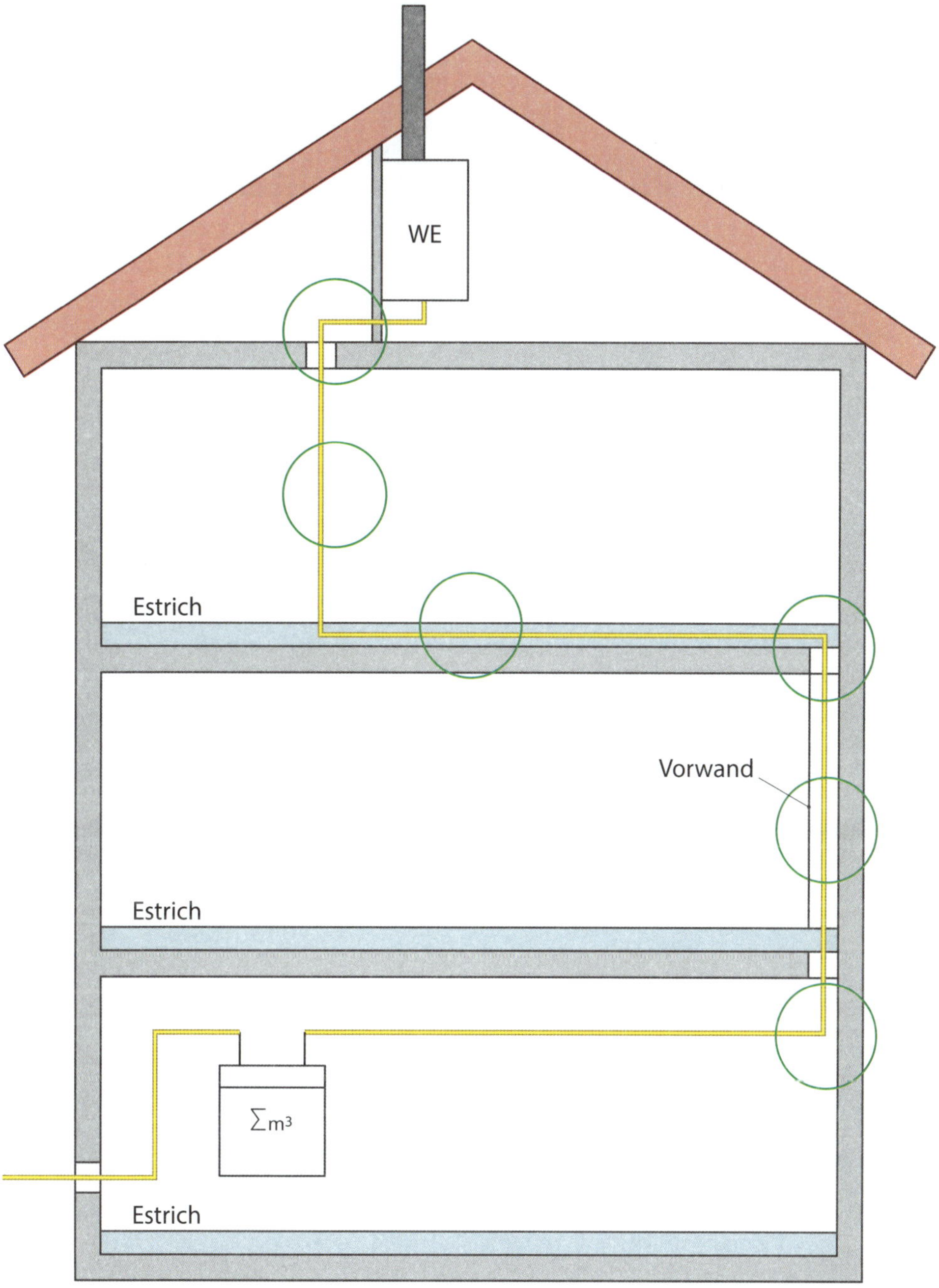

Nr.	
A	Um Druckverluste gering zu halten, sollten Bögen anstelle von Winkeln eingebaut werden.
B	Die frei liegende Verlegung ist zu bevorzugen, die Montage unter Putz, in Hohlräumen, in Schächten und Kanälen ist jedoch auch zulässig.

C	Um Leckagen in Rohrleitungen, die in Hohlräumen verlegt sind, schneller entdecken zu können, sind die Hohlräume mit etwa 10 cm^2 großen, unverschließbaren Öffnungen zu versehen.
D	Die Leitungsführung verdeckt verlegter Leitungen muss dokumentiert werden.
E	Die Verlegung von Rohrleitungen im Estrich ist verboten. Im Rohfußboden und in der Ausgleichsschicht/Trittschalldämmung ist die Verlegung jedoch gestattet.
F	Werden Gasleitungen durch belüftete Hohlräume, durch Decken und Wände verlegt, dann sind Mantelrohre zu verwenden, die deutlich sichtbar überstehen müssen.

6 **Situation:**

Sie haben vor einiger Zeit eine Gasleitung im Keller eines Einfamilienhauses verlegt. Zur Verankerung der Leitung wählten Sie seinerzeit die in der Abbildung rechts dargestellte Befestigungsart.

Im Keller dieses Hauses kam es danach zu einem Brand. Dabei löste sich die Gasleitung aus ihrer Verankerung an der Decke und hing mitten im Raum. Glücklicherweise hielten die Leitungsverbindungen und es trat kein Gas aus.

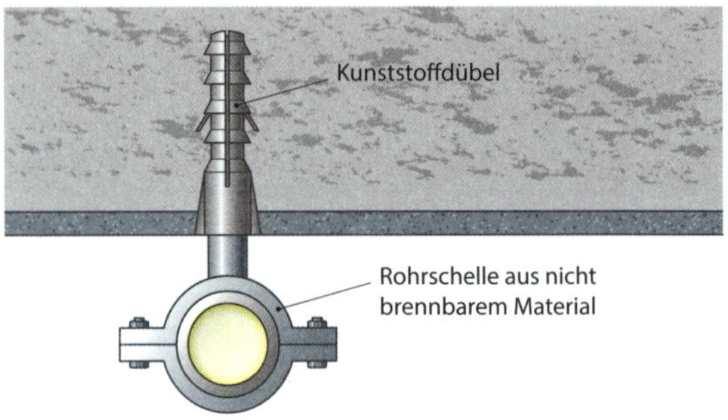

[+] a) Erläutern Sie die Situation, die sich während des Brandes abgespielt hat.

[+] b) Beschreiben Sie Möglichkeiten, mit denen Sie verhindern können, dass Gasleitungen während eines Brandes ihre Position verändern.

Datum

Name

7 In einem Einfamilienhaus soll vor der Inbetriebnahme die neu installierte Gasleitung (Betriebsdruck: 50 hPa, Leitungsvolumen: 30 l) überprüft werden.
a) Erstellen Sie einen Arbeitsplan für die Prüfung.
b) Füllen Sie das Prüfprotokoll aus.

Arbeitsplan		
lfd. Nr.	**Arbeitsschritt**	**Bemerkung/Hilfsmittel**
1.		
2.		
3.		
4.		
5.		
6.		
7.		
8.		
9.		
10.		
11.		
12.		
13.		
14.		
15.		

Datum Name

e·on | Bayern

Protokoll Belastungs- und Dichtheitsprüfung Erdgasleitungen

Bauvorhaben: ______

______

______

Auftraggeber vertreten durch: ______

Auftragnehmer vertreten durch: ______

Der max. Betriebsdruck in hPa: ______

Die Erdgasleitung wurde ☐ als Gesamtleitung ☐ in ____ Teilabschnitten geprüft.

Prüfmedium (inertes Gas, kein Sauerstoff) ☐ Luft ☐ Stickstoff ☐ ______

Alle Leitungen sind mit metallenen Stopfen, Kappen, Steckscheiben und Blindflanschen verschlossen. Zu prüfende Leitungsabschnitte wurden von Gas führenden Leitungen getrennt.

E.ON Bayern AG
Lilienthalstraße 7
93049 Regensburg

Vorsitzender des Aufsichtsrats:
Dr. Thomas König

Vorstand:
Thomas Barth (Vorsitzender)
Andreas Ladda
Dr. Egon Westphal

Sitz Regensburg
Amtsgericht Regensburg
HRB 9119
St. Nr. 5105/5861/0015
Ust.-Id.-Nr. DE129273785

www.eon-bayern.com/ gasinstallateure

Bei Fragen:
T 0941-2800 3311
F 0941-2800 3312

Erdgasinstallation ≤ 100 hPa (Niederdruck)

1. **Belastungsprüfung** (Genauigkeit Messgerät: 100 hPa)

1.1 Armaturen
☐ ausgebaut
☐ eingebaut (Nenndruck ≥ Prüfdruck)

1.2 ☐ Prüfdruck 1000 hPa

1.3 ☐ Prüfzeit 10 Min (Temperaturausgleich nicht nötig)

1.4 ☐ Prüfdruck während der Prüfzeit nicht gefallen, danach gefahrlos abgelassen.

2. **Dichtheitsprüfung** (Genauigkeit Messgerät: 0,1 mbar)

2.1 ☐ Die Armaturen sind eingebaut

2.2 ☐ Prüfdruck 150 mbar

2.3 ☐ Prüfzeit nach Tabelle

2.4 ☐ Prüfdruck während der Prüfzeit nicht gefallen, danach gefahrlos abgelassen.

2.5 ☐ Die Anlage ist dicht

Informationen zur Dichtheitsprüfung

Leitungsvolumen	Anpassungszeit	Prüfdauer
< 100 l	10 min	10 min
≥ 100 l < 200 l	30 min	10 min
≥ 200 l < 300 l	60 min	15 min
≥ 300 l < 400 l	120 min	20 min
≥ 400 l < 500 l	240 min	25 min

Erdgasinstallation > 100 hPa ≤ 1000 hPa (Mitteldruck)

1. **Kombinierte Belastungs- und Dichtheitsprüfung** (Druckschreiber: Kl. 1, Manometer: Kl. 0,6, Messbereich: Prüfdruck x 1,5)

1.1 ☐ Die Armaturen sind eingebaut (Nenndruck ≥ Prüfdruck)

1.2 ☐ Prüfdruck 3 bar (max. 2 bar/min)

1.3 ☐ Temperaturausgleich ca. 3 Stunden

1.4 ☐ Prüfzeit ≥ 2 Stunden (Vgeo > 200 Liter: Prüfzeit + 15 min./100 l)

1.5 ☐ Prüfdruck während der Prüfzeit nicht gefallen, danach gefahrlos abgelassen.

1.6 ☐ Die Anlage ist dicht

______ Ort, Datum

× ______ Firmenstempel, Unterschrift des Prüfers

Vom DVGW autorisierte Kopie

F312113A09

Datum ______ Name ______

Bereitstellung von Heizöl

Ihr Kunde ist verunsichert. Er hat von den gefährlichen Kohlenmonoxid-Konzentrationen in Pelletlagern gelesen. Nun überlegt er ernsthaft, beim Brennstoff Heizöl zu bleiben und die alte Heizungsanlage durch moderne Geräte zu ersetzen. In diesem Zusammenhang soll auch das Öllager neu installiert werden.

1 Durch die Lagerung von Heizöl existiert ein realistisches Risiko, dass Trinkwasser verunreinigt werden kann. Nennen Sie Maßnahmen, die dieses Risiko minimieren sollen.

2 Berechnen Sie den Jahresbrennstoffbedarf des Eigenheims (Kesselleistung 12 kW) für den Brennstoff Heizöl. [Seite 65]

a) Nennen Sie die Formel für die Berechnung des Jahresbrennstoffbedarfs für Heizöl.

b) Bestimmen Sie den Jahreswärmebedarf für die Heizungsanlage (ohne Trinkwassererwärmung) bei Jahresvollbenutzungsstunden von 1400 $\frac{h}{a}$.

Datum

Name

c) Da der Heizkessel auch für die Trinkwassererwärmung genutzt werden soll, berechnen Sie den Jahreswärmebedarf dafür mit folgenden Kundeninformationen:

- Personen im Haushalt: 4
- durchschnittlicher Warmwasserverbrauch pro Person und Tag: 50 l
- durchschnittliche Anzahl der Tage, an denen alle anwesend sind: 350 $\frac{d}{a}$
- Temperatur Trinkkaltwasser: 10 °C
- Temperatur Trinkwarmwasser: 60 °C

d) Addieren Sie den Jahreswärmebedarf für die Heizungsanlage mit dem Jahreswärmebedarf für die Trinkwassererwärmung.

e) Bestimmen Sie den Jahresbrennstoffbedarf für den kompletten Jahreswärmebedarf des Einfamilienhauses Ihres Kunden, wenn der Jahresnutzungsgrad der Anlage 50 % beträgt.

f) Ihr Kunde sorgt gern vor. Er möchte sich einen Heizölvorrat für drei Jahre anlegen. Berechnen Sie die Lagermenge an Heizöl bei einer dreijährigen Bevorratung.

Datum

Name

3 Vervollständigen Sie die folgenden Aussagen durch entsprechende Ergänzungen. Verwenden Sie zur Lösung das Fachbuch 3137. [Seiten 250 ff.]

Nr.	Aussage
1.	Die brandschutzrechtlichen Anforderungen an die Lagerung von Heizöl EL werden in den …
2.	Oberirdische Öllageranlagen mit mehr als 1000 l Lagervolumen sowie alle Erdtanks müssen …
3.	Grundsätzlich müssen Anlagen zur Lagerung von Heizöl EL so beschaffen sein und betrieben werden, …
4.	Undichtigkeiten aller mit Heizöl in Berührung stehenden Anlagenteile müssen schnell und …
5.	Im Aufstellraum des Heizkessels dürfen bis zu …
6.	Der Abstand zwischen Heizölbehälter und Heizkessel muss …
7.	Bei einem Lagervolumen von mehr als 5000 l ist ein …
8.	Das maximale Lagervolumen beträgt …
9.	Es dürfen bis zu 25 Behälter zu einer …
10.	Das maximal zulässige Gesamtvolumen einer Batterie …

Datum

Name

4 Wählen Sie mithilfe der Herstellerunterlagen die entsprechende Anzahl der Öllagerbehälter für folgende Varianten aus:

Variante 1 (1-jährige Bevorratung):	**Variante 2 (3-jährige Bevorratung):**

Technische Details

Zulassungs-Nr: Z-40.21-310

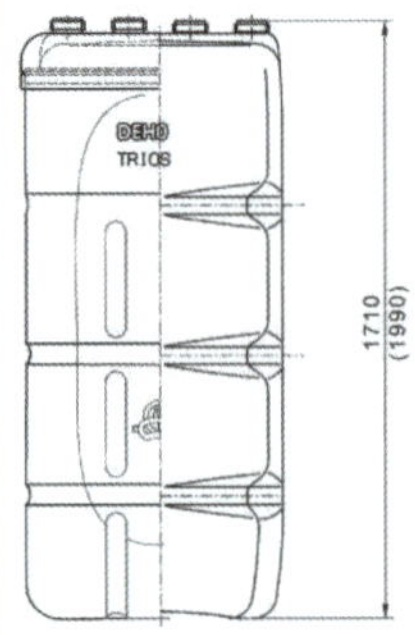

Art. Nr.	Typ / Inhalt	Maße mm (LxBxH)	Gewicht
961501	TrioSafe 750	780 x 780 x 1.710	44 kg
961510	TrioSafe 1000	810 x 810 x 1.990	56 kg

DEHOUST

Aufstellvarianten

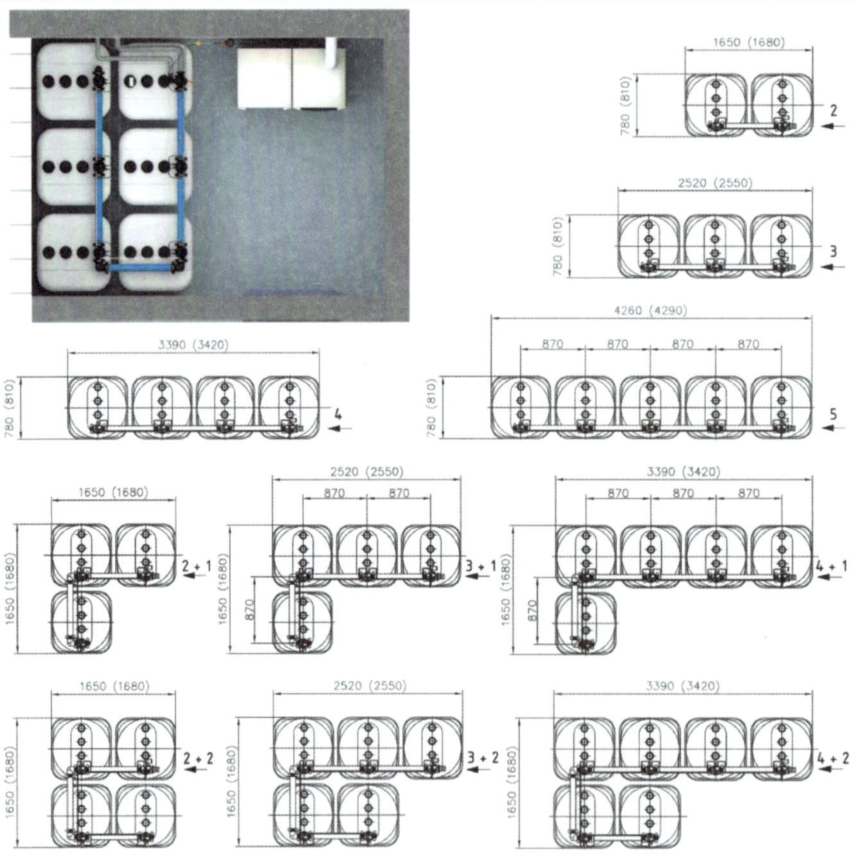

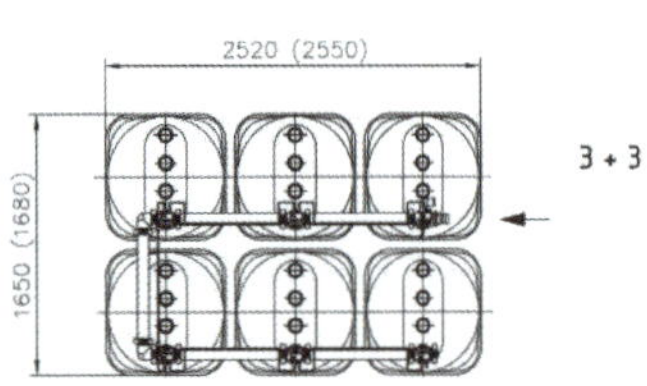

Weitere Informationen wie beispielsweise Ausschreibungstexte finden Sie auf www.dehoust.de unter Webcode: 8800

Datum

Name

5 Zeichnen Sie in den Grundriss des Kellers die Variante 1 inklusive der Füllleitung, der Lüftungsleitung und der Ölleitung ein. Beachten Sie dabei die vorgeschriebenen Mindestabstände.

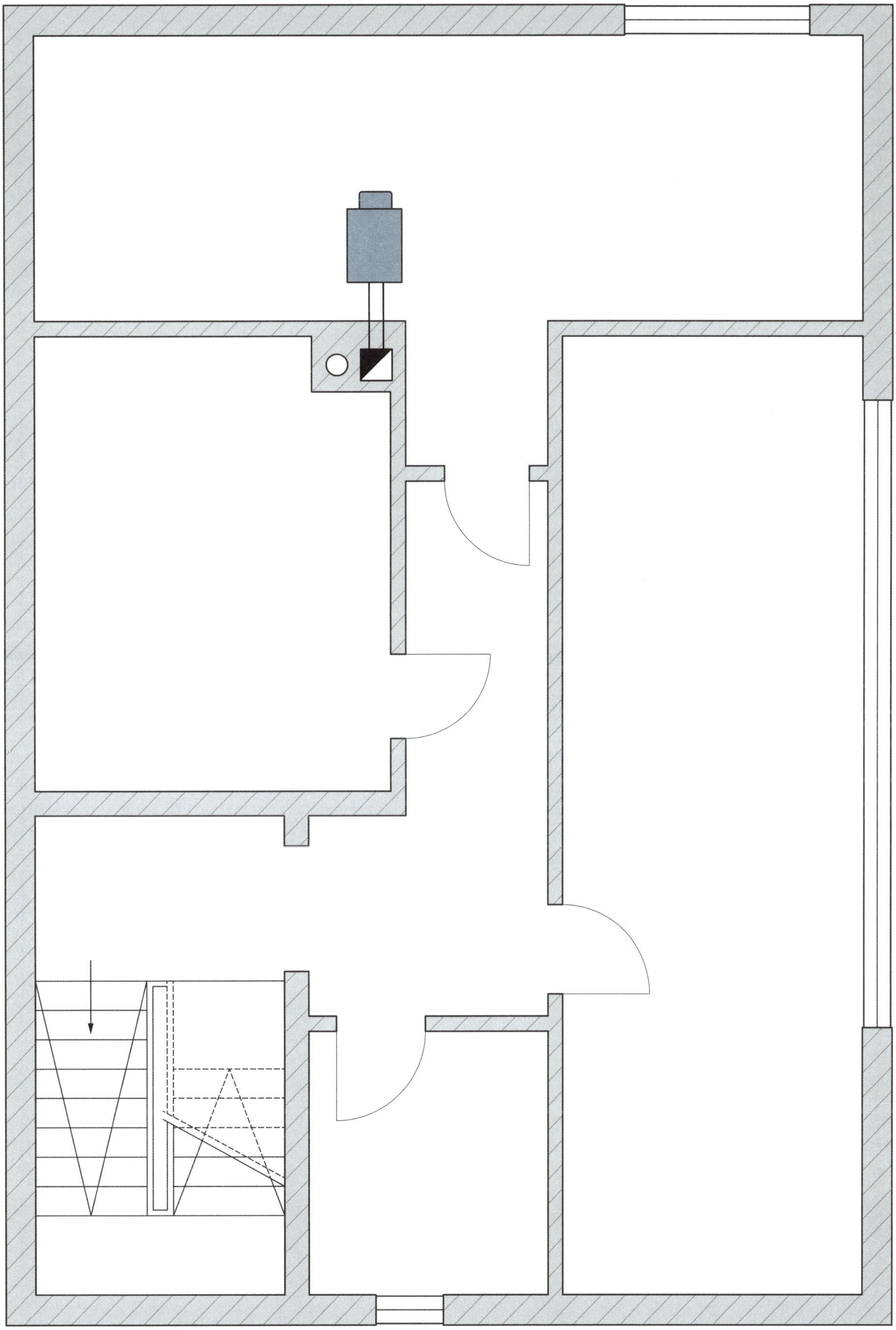

Datum

Name

6 Zeichnen Sie in den Grundriss des Kellers die Variante 2 inklusive der Füllleitung, der Lüftungsleitung und der Ölleitung ein. Beachten Sie dabei die vorgeschriebenen Mindestabstände.

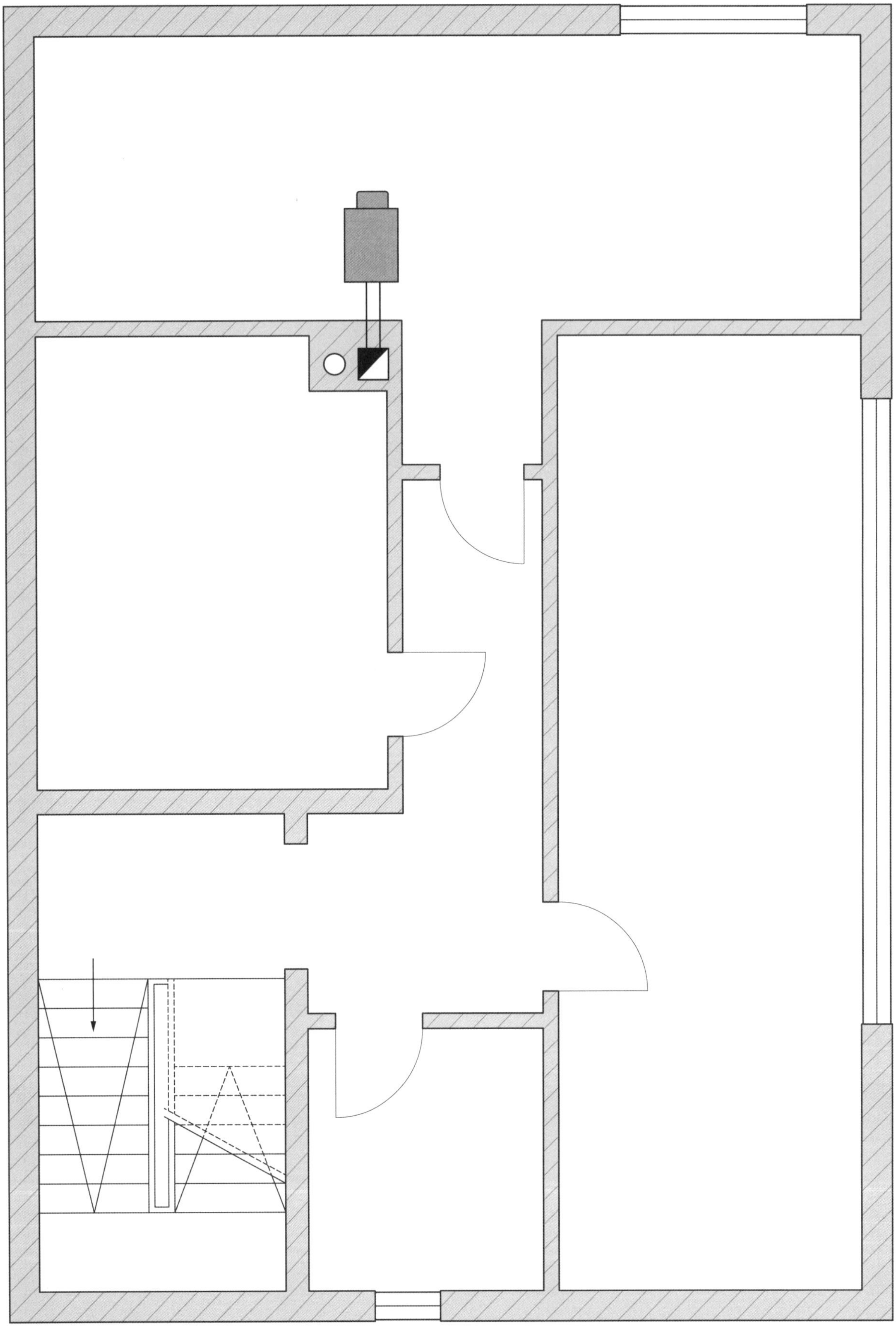

Datum

Name

Ölzerstäubungsbrenner

1 Dargestellt ist das Brennrohr eines Ölbrenners. Um welche Art von Ölzerstäubungsbrenner handelt es sich?

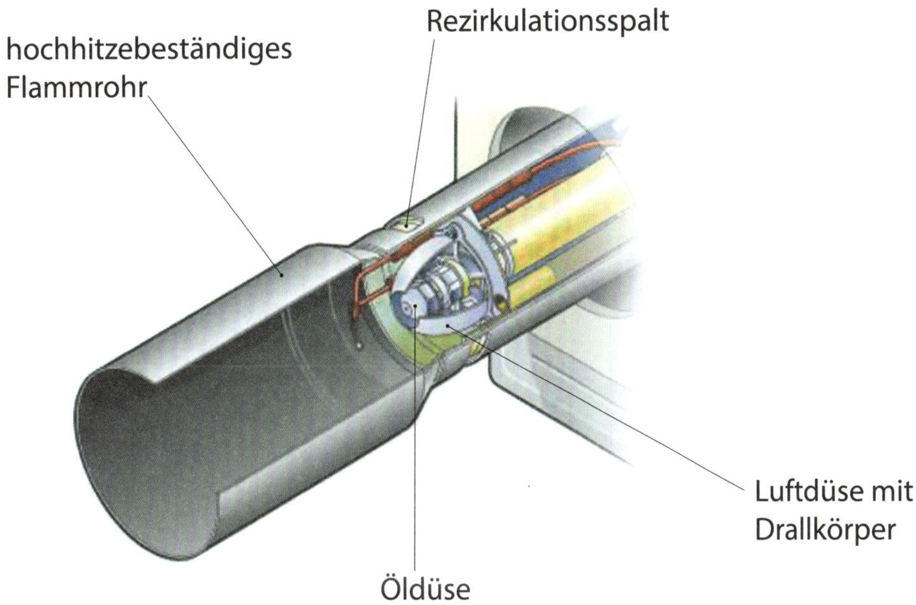

2 Die Verbrennung ist ein komplexer Vorgang, bei dem viele Faktoren eine entscheidende Rolle für einen optimalen Ablauf spielen.

a) Skizzieren Sie den Flammenkegel in die Abbildung oben mit blauer Farbe ein.

b) Skizzieren Sie die Rückströmung von Flammengasen in die Abbildung oben mit roter Farbe ein und beschreiben Sie den Zweck dieser Maßnahme.

c) Skizzieren Sie die Rückführung ausgebrannter Flammengase in die Abbildung oben mit grüner Farbe ein und beschreiben Sie den Zweck dieser Maßnahme.

Datum

Name

Mindmap Ölbrenner

Aufgabe: Ordnen Sie die folgenden Begriffe richtig in die Mindmap ein!

Einstellung der Luftmenge
Lichtbogen
Blauflammen
Ausgang von Schaltbefehlen
z. B. vom Flammenwächter
Zahnradgetriebe
Ölpumpe
Zündelektrode
Zufuhr Verbrennungsluft
Zündtrafo
Fotowiderstand
Einstellung Pumpendruck
Gelbflammen
Fotozelle

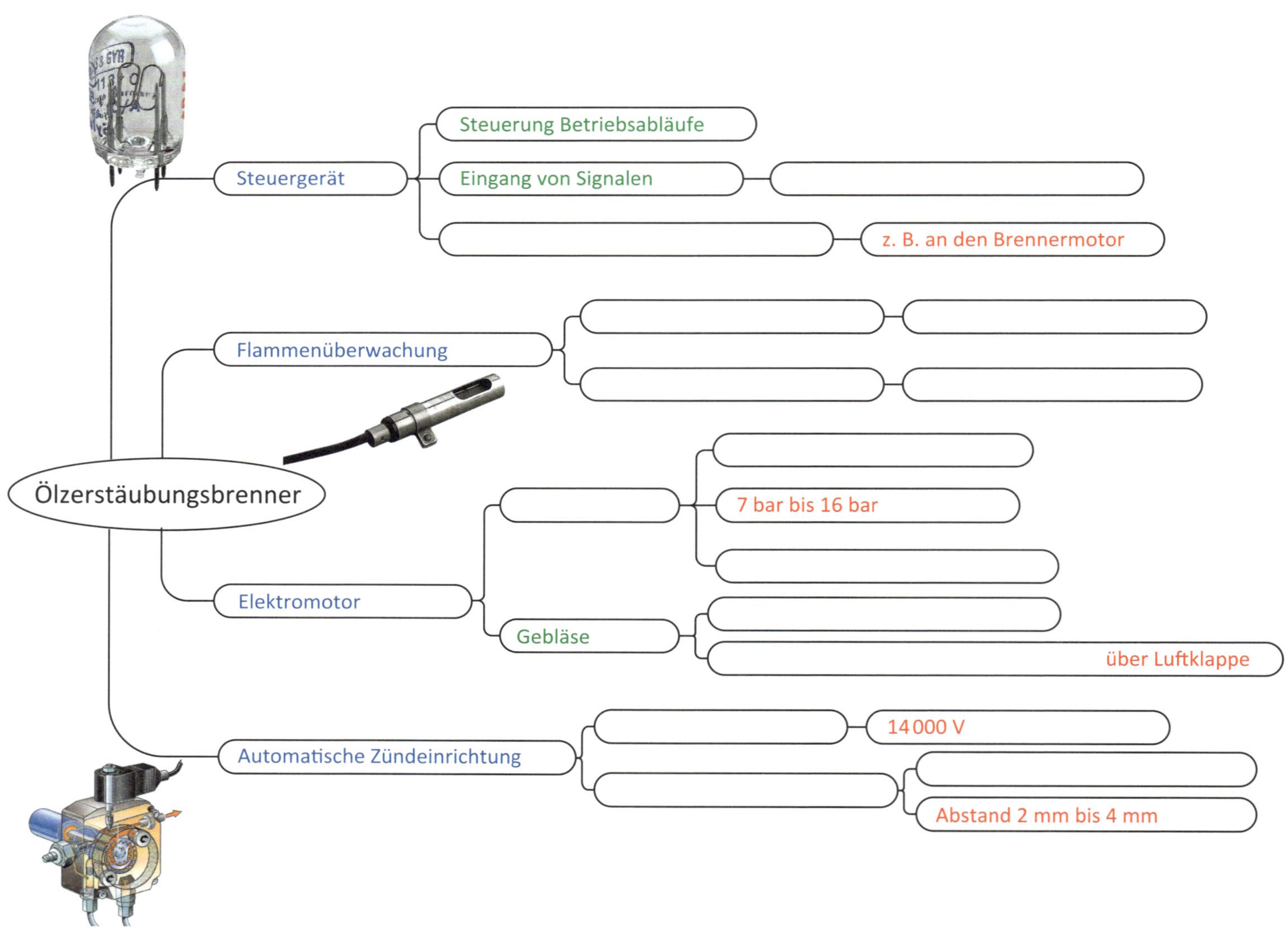

Datum

Name

Aufgabe: Ordnen Sie die folgenden Begriffe richtig in die Mindmap ein!

Magnetventil
Sprühmuster
60°
verbesserte Verbrennung
in kg/h bei 10 bar
Hohlkegel
schließt beim Abschalten
45°
Rotations-bewegung
50 °C bis 80 °C
langer Brennraum
in US gph bei 7 bar
bessere Zerstäubung
Vollkegel

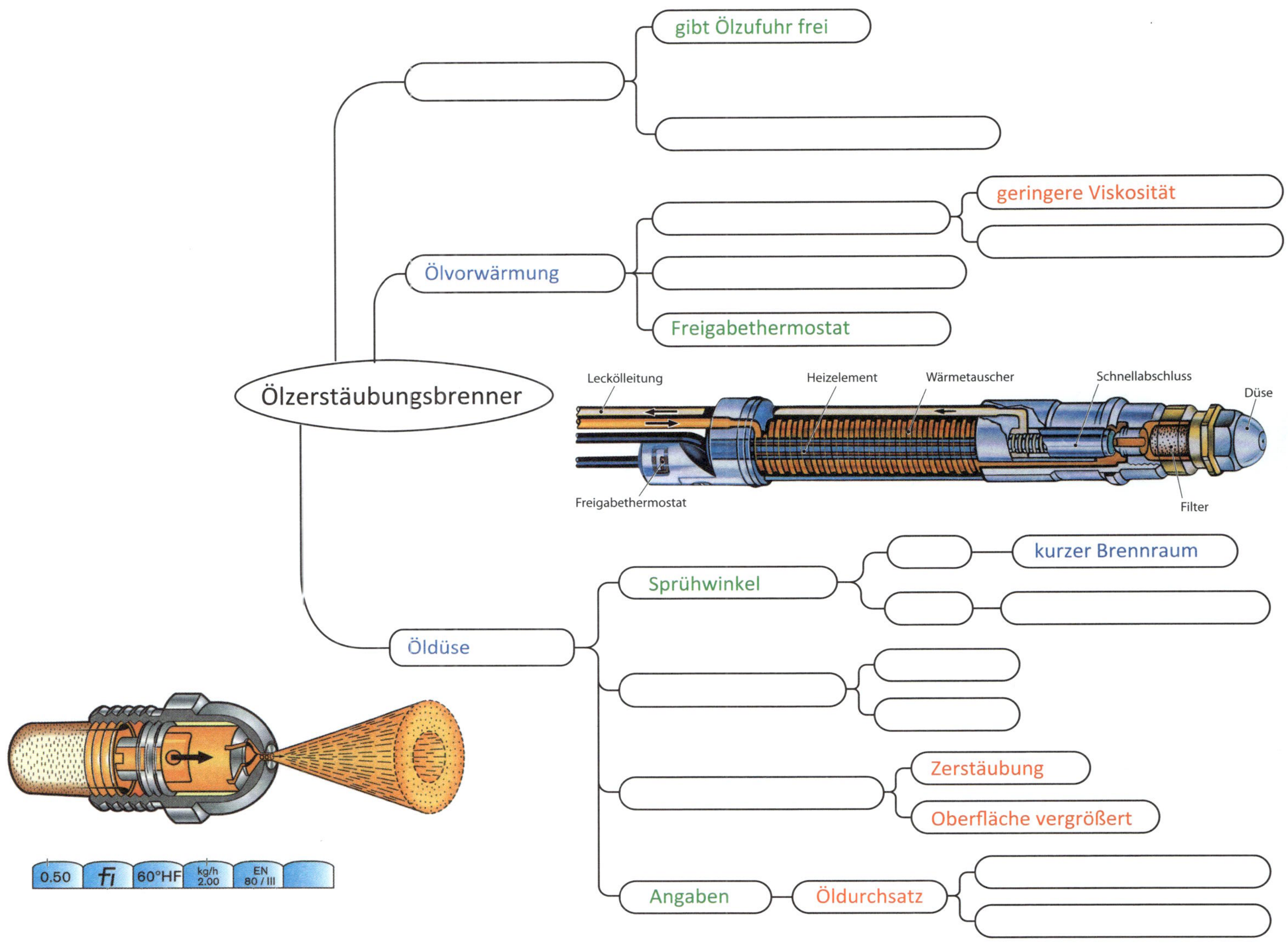

3 Die Zündung des Ölbrenners folgt einem festgelegten Schema. Hierbei spielen vor allem sicherheitstechnische Gründe eine große Rolle, daher folgt der Start eines Ölbrenners einem ganz bestimmten Programmablauf. Bringen Sie den Programmablauf in die richtige Reihenfolge, indem Sie von 1 bis 13 durchnummerieren.

Reihen-folge	**Programmablauf: Start eines Ölbrenners**
	Gebläse und Ölpumpe werden nicht mehr angetrieben, Magnetventil und Luftklappe schließen.
	Beginn der Sicherheitszeit.
	Der Zündtransformator erzeugt eine Funkenstrecke zwischen den beiden Zündelektroden.
	Der Kesseltemperaturregler unterbricht den Stromkreis beim Erreichen der gewünschten Kesselwassertemperatur.
	Das Gebläse durchspült die Brennkammer mit Luft (Vorspülzeit).
	Beginn der Vorzündzeit.
	Das Öl-Luft-Gemisch bildet sich und wird gezündet.
	Das Magnetventil öffnet die Ölzufuhr.
	Die erfolgte Flammenbildung wird von der Flammenüberwachung zum Steuergerät gemeldet.
	Die Luftabschlussklappe wird geöffnet und gegen einen Endlagenschalter gefahren.
	Nach Ablauf einer festgelegten Nachzündzeit wird die Zündung abgeschaltet.
	Bei einer Wärmeanforderung wird die Ölvorwärmung im Düsenstock aktiviert.
	Der Motor bekommt Spannung und auf einer gemeinsamen Welle laufen Gebläse und Ölpumpe an.

4 Neben dem erwähnten Blaubrenner gibt es noch den sogenannten Gelbbrenner. Beschreiben Sie die Entstehung dieser gelben Flamme.

Datum Name

Bereitstellung von festen Brennstoffen

Ihr Kunde möchte die Heizungsanlage seines Einfamilienhauses sanieren und im Zuge dessen auf eine CO_2-neutrale Verbrennung umstellen. Da er den Komfort seiner aktuellen Ölheizung (12 kW Heizleistung) nicht missen möchte, empfehlen Sie ihm eine Pelletanlage.

1 Erklären Sie Ihrem Kunden die Aussage: Der Brennstoff Holz ist CO_2-neutral.

[+]

www

Co_2-Entwicklung Erdatmosphäre

2 Im Zusammenhang mit der neuen Heizungsanlage müssen Sie den Keller des Hauses nach einer passenden Lagermöglichkeit untersuchen.

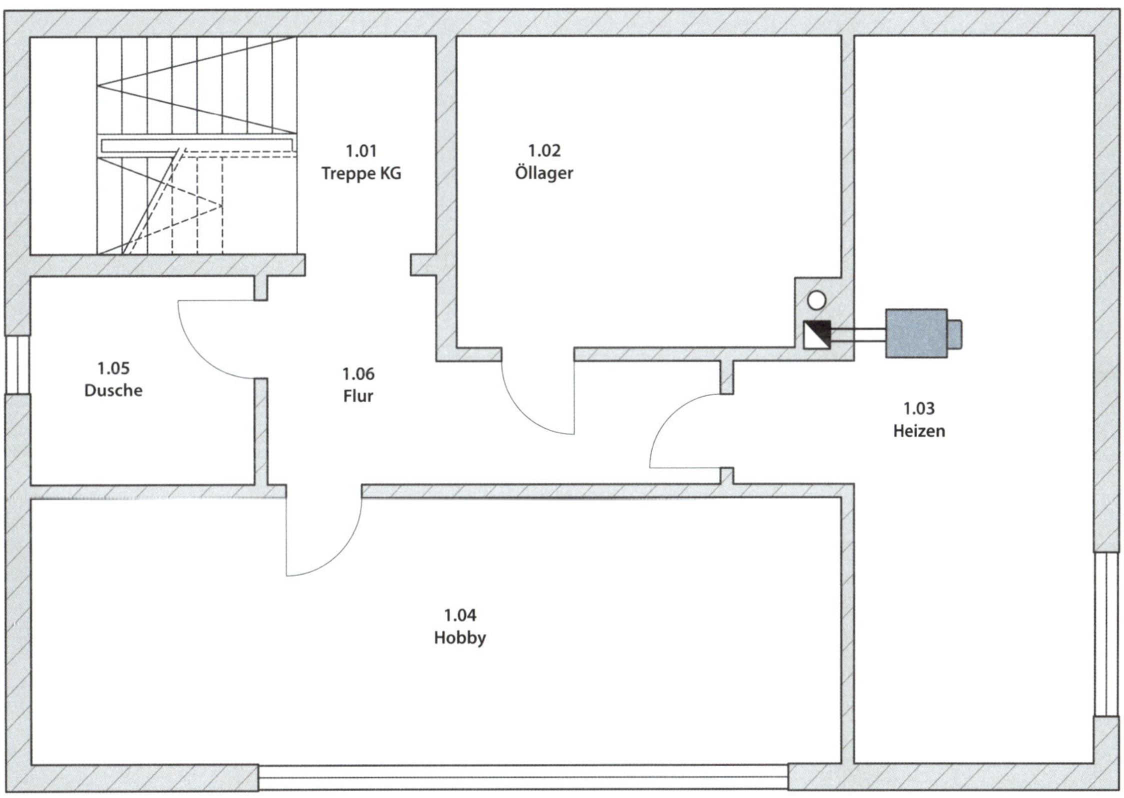

Maßstab 1:100

a) Berechnen Sie das Lagerraumvolumen für Pellets für das oben beschriebene Einfamilienhaus und berücksichtigen Sie eine Reserve von 30 %.

Datum

Name

b) Berechnen Sie das Raumvolumen eines Pelletlagerraums mit Schrägboden.

c) Zeichnen Sie im Grundriss des Kellers auf der Seite 77 im Raum 1.02 die Grundfläche des Lagerplatzes ein, wenn die Füllhöhe 2,10 m betragen wird.

d) Beschreiben Sie Maßnahmen, durch die das alte Öllager in einen Pelletlagerraum umfunktioniert werden kann. [Seite 281]

e) Zeichnen Sie in die unten abgebildete Vorlage einen Lagerraum für Holzpellets mit Schrägboden inklusive Ein- und Ausblasstutzen und Austragschnecke ein.

3 Ihrem Kunden gefällt der Vorschlag mit dem Schrägboden nicht. Stattdessen möchte er von Ihnen eine Übersicht verschiedener Fertiglagersysteme vorgestellt bekommen.

a) Beschreiben Sie die dargestellten Fertiglagersysteme.

Fertiglagersystem	
Sacksilo/Gewebesilo 	
Stahlblechtank 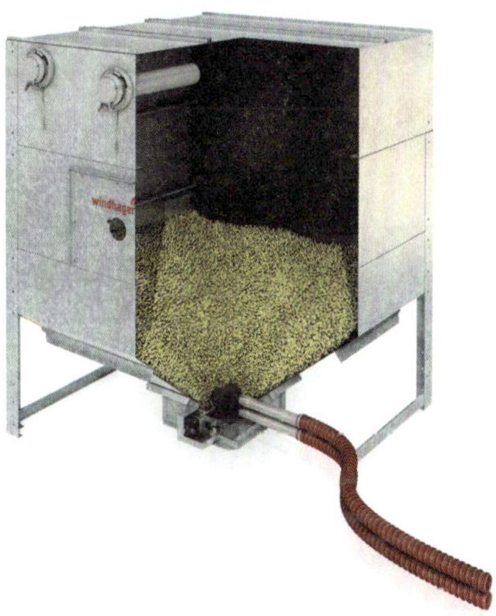	
Erdtank 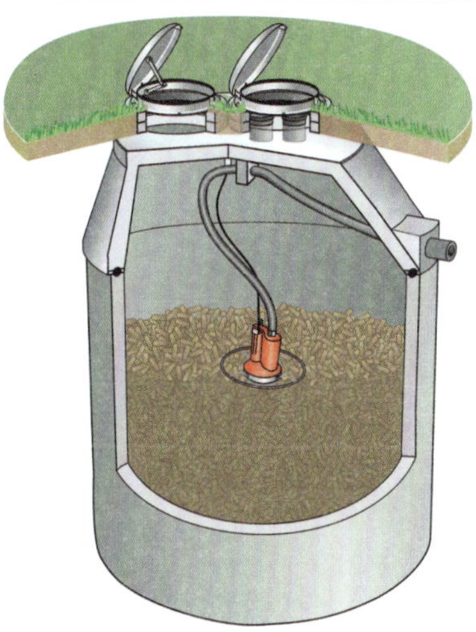	

Datum

Name

b) Jedes Fertiglagersystem benötigt ein speziell angepasstes Raumaustragungssystem, um die Pellets zum Heizkessel zu transportieren. Bewerten Sie die folgenden Aussagen zum Thema Raumaustragungssysteme mit „richtig" oder „falsch".

Nr.	Aussage	richtig	falsch
	Schneckensystem		
1.	Für die Entfernung zwischen dem Lagerraum der Pellets und dem Aufstellraum des Pelletkessels gibt es keine Vorgaben.		
2.	Für die Entfernung zwischen dem Lagerraum der Pellets und dem Aufstellraum des Pelletkessels gibt es Vorgaben.		
3.	Die Entfernung zwischen dem Lagerraum der Pellets und dem Aufstellraum des Pelletkessels soll höchstens 30 m betragen.		
4.	Der Lagerraum der Pellets muss direkt neben dem Aufstellraum des Pelletkessels liegen.		
	Saugsystem		
1.	Die Entfernung zwischen dem Lagerraum der Pellets und dem Aufstellraum des Pelletkessels soll höchstens 30 m betragen.		
2.	Der Höhenunterschied zwischen dem Lagerraum der Pellets und dem Aufstellraum des Pelletkessels soll höchstens 30 m betragen.		
3.	Die Entfernung zwischen dem Lagerraum der Pellets und dem Aufstellraum des Pelletkessels soll höchstens 6 m betragen.		
4.	Der Höhenunterschied zwischen dem Lagerraum der Pellets und dem Aufstellraum des Pelletkessels soll höchstens 6 m betragen.		
	Schnecken-Saugkombination		
1.	Mit der Förderschnecke werden die Pellets direkt aus dem Lagerraum zum Pelletkessel transportiert.		
2.	Mit dem Saugsystem werden die Pellets direkt aus dem Lagerraum zum Pelletkessel transportiert.		
3.	Mit der Förderschnecke werden die Pellets aus dem Lagerraum zum Saugsystem befördert.		
4.	Mit dem Saugsystem werden die Pellets von außerhalb des Lagerraums direkt zum Pelletkessel transportiert.		

Datum ______ Name ______

Festbrennstoffkessel

1 Zur Verbrennung von Holz in den unterschiedlichsten Formen stehen verschiedene Kessel zur Verfügung.

a) Benennen Sie die unten dargestellten Holzkessel im Feld über der jeweiligen Abbildung.

b) Ordnen Sie die folgenden Begriffe dem richtigen Kessel zu. Rahmen Sie die Begriffe hierzu mit drei verschiedenen Farben ein (Stückholz – rot, Pellet – blau, Hackschnitzel – grün).

www

Holzkessel

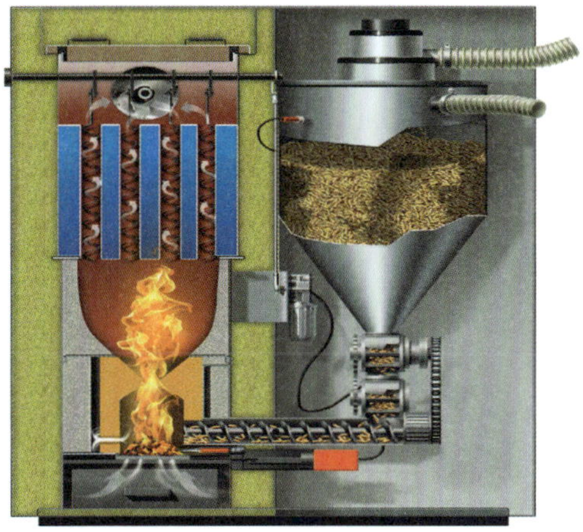

Pyrolyse

negativer Überdruck

unterer Abbrand

Restsauerstoffgehalt

Wirbelbrennkammer

Vorratsbehälter

Feuerkeramik

Schwelgase

Austragungsschnecke

Zellenrad-Dosierschleusen

Nachverbrennung

Lagerraum

Brennkammer

Primär- und Sekundär-Luftstellmotoren

geringe Schadstoffemission

Saugzuggebläse

Rohr-Welle-System

Stockerschnecke

Holzausgasung

Bodenrührwerk

Heißluftgebläse

Zellradschleuse

Kipprost

Lambdasonde

Dosierschnecke

modulierender Betrieb

drehzahlgeregeltes Gebläse

Rückbrandsicherheit

Datum

Name

2 Besonderheiten von Holzkesseln:

a) Die rot eingekreisten Bauteile in der Abbildung unten bilden eine Funktionseinheit. Wie wird diese Funktionseinheit benannt?

b) Bei welchen Holzkesseln werden die rot eingekreisten Bauteile benötigt?

c) Beschreiben Sie den Zweck und die Funktion der rot eingekreisten Bauteile.

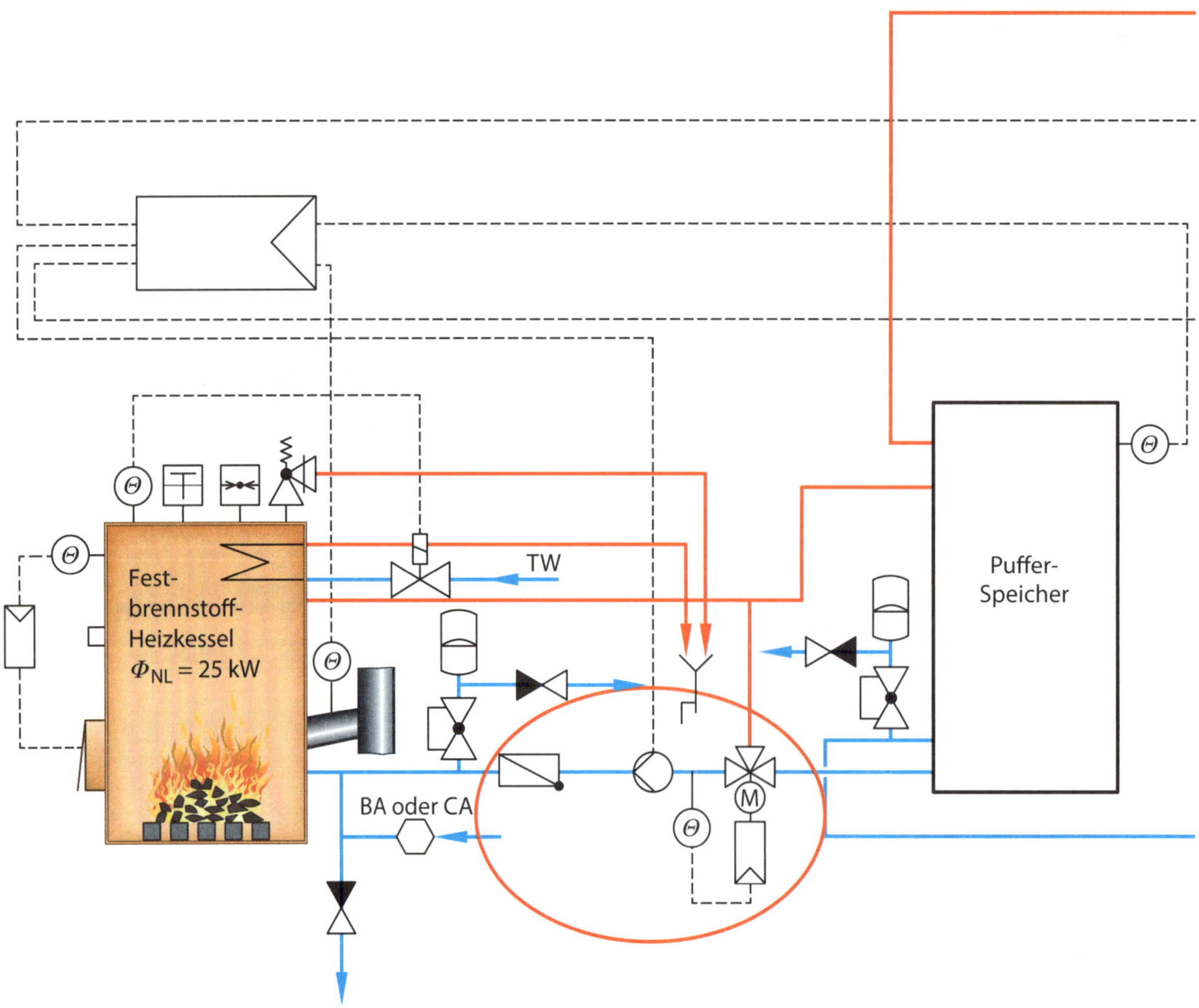

Datum

Name

Grundlagen – Integrieren ressourcenschonender Anlagen

1 Erklären Sie mithilfe des Internets den Begriff Ressource. [+]

2 Zählen Sie Beispiele für verschiedene Ressourcen auf. [+]

3 Seit einigen Jahren kann ein stetiger Abwärtstrend beim Energieverbrauch von Wohnhäusern beobachtet werden. Nachfolgend ist ein Diagramm dargestellt, aus dem man die Entwicklung des Energieverbrauchs eines Einfamilienhauses in den letzten Jahrzehnten ablesen kann.

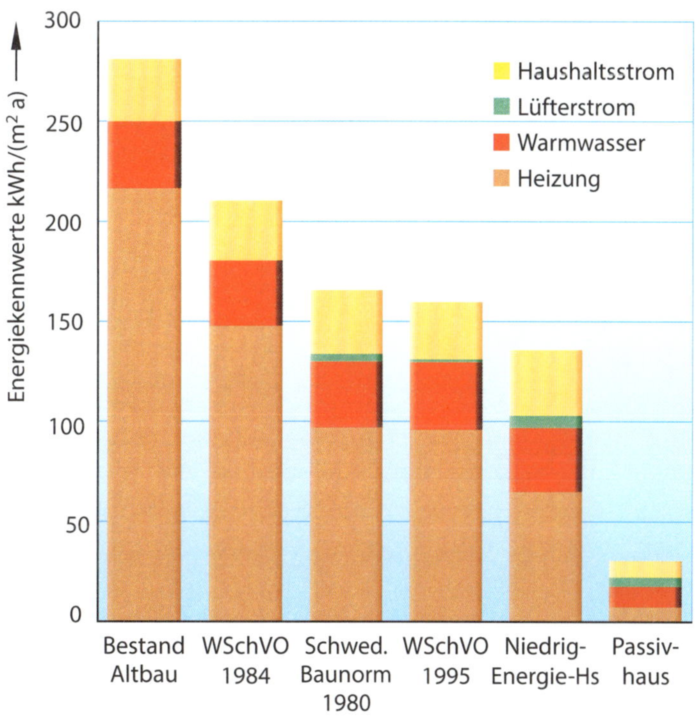

a) Nennen Sie den/die Bereich/Bereiche, in dem/denen Energie eingespart wurde (ohne Passivhaus).

b) Nennen Sie den/die Bereich/Bereiche, in dem/denen keine Energie eingespart wurde (ohne Passivhaus).

[+] c) Erklären Sie, warum in einigen Bereichen gespart werden kann, in anderen allerdings nicht.

d) Erläutern Sie Maßnahmen, durch die die Energieeinsparungen des/der Bereichs/Bereiche in der Aufgabe 3a) erzielt wurden.

Datum

Name

4 In der unten stehenden Abbildung sind zehn Heizsysteme (A bis J) dargestellt, die zur Ressourcenschonung beitragen.

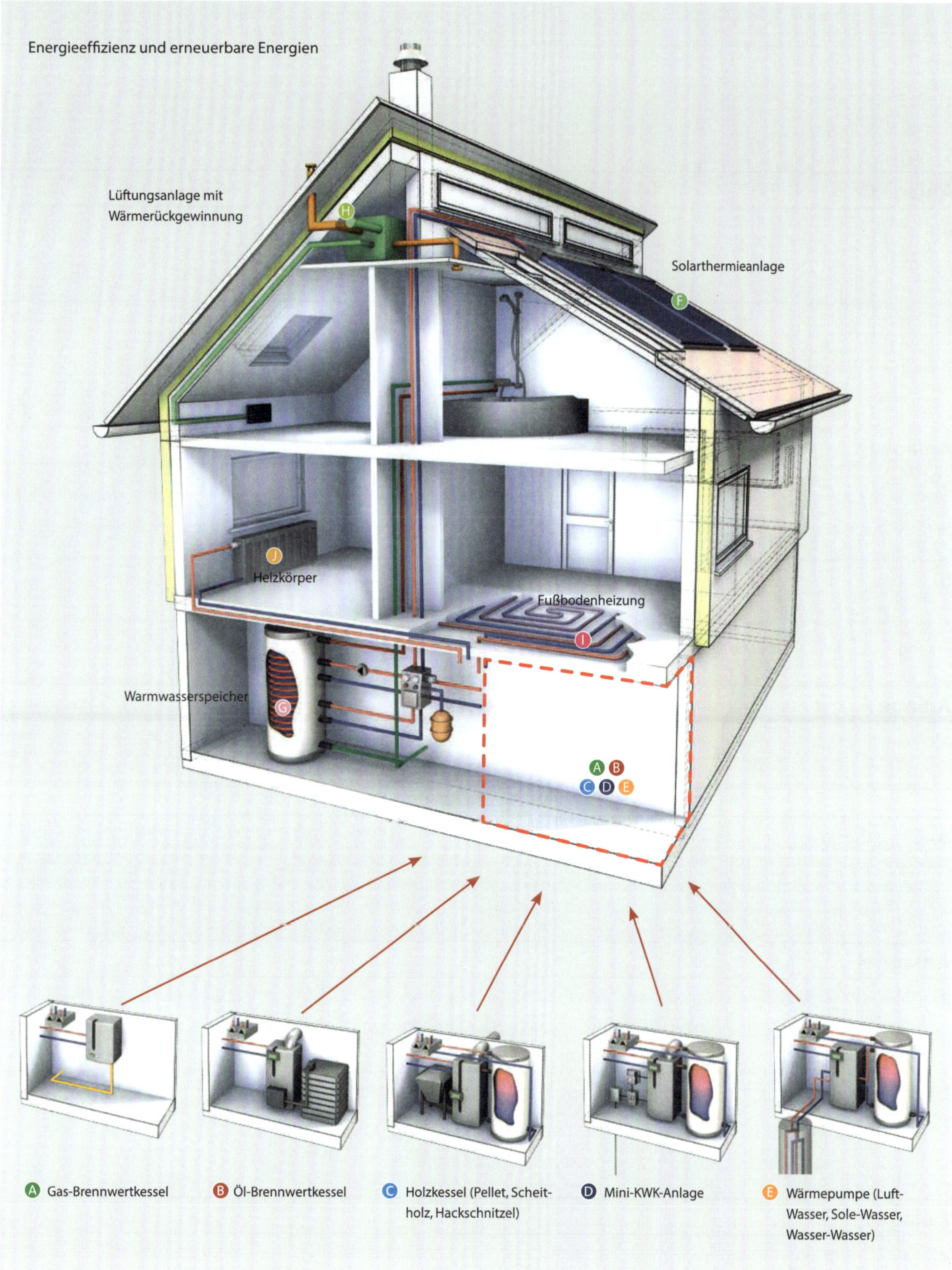

a) Benennen Sie in der Tabelle auf der Seite 86 die jeweilige Anlage.

b) Beschreiben Sie die Art der Ressourcenschonung der in der Tabelle aufgezählten Anlagen. [+]

Datum ____________________ Name ____________________

Anlage A

a)

b)

Anlage C

a)

b)

Anlage E

a)

b)

Anlage F

a)

b)

Anlage H

a)

b)

Anlage I

a)

b)

Datum

Name

5 Sie kaufen das abgebildete sanierungsbedürftige Haus, Baujahr 1984.

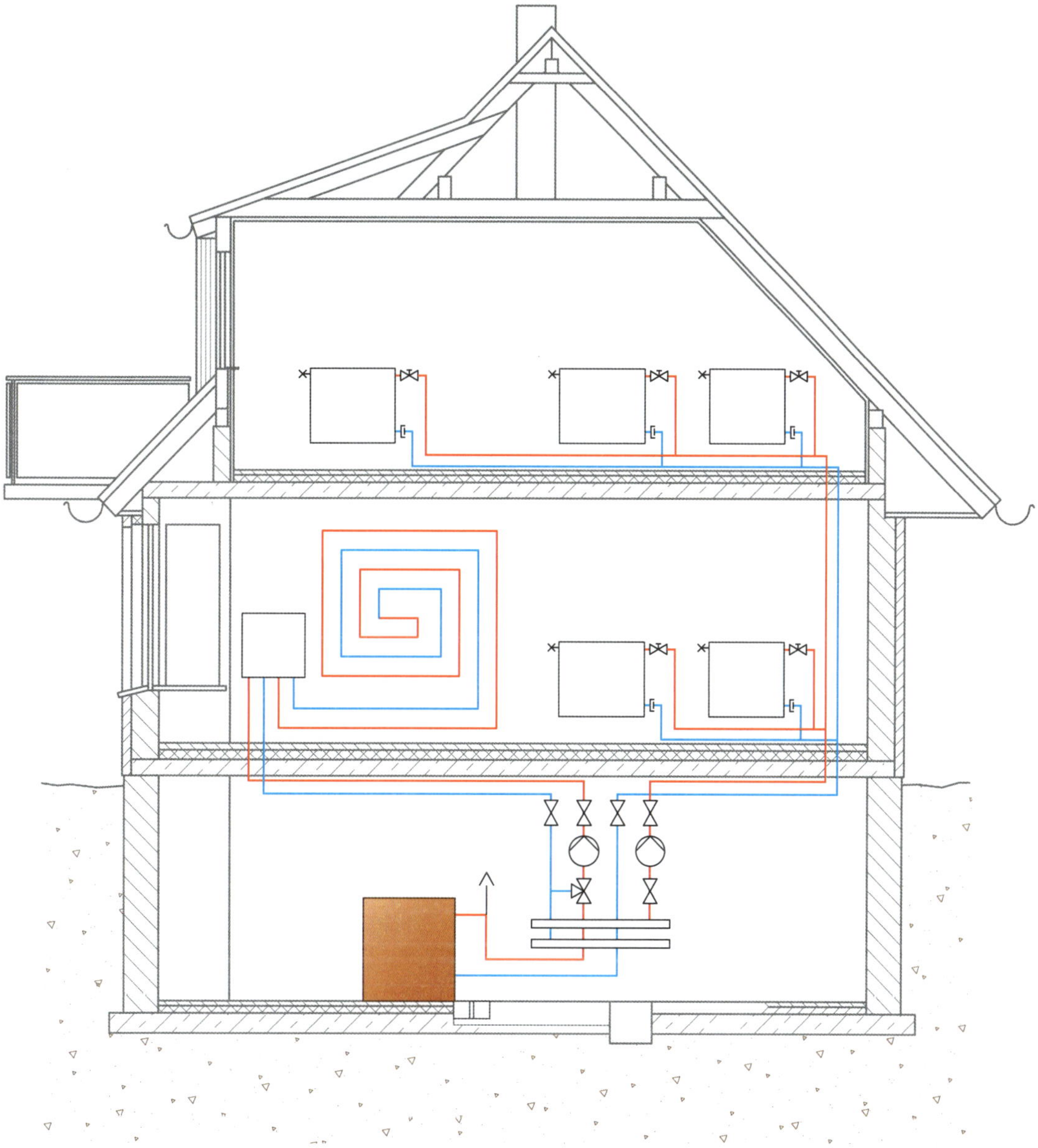

a) Nennen Sie mithilfe des Diagramms auf der Seite 83 den ungefähren Gesamtenergiebedarf und den Energiebedarf für die Beheizung des Gebäudes.

b) Markieren und nummerieren Sie die Bereiche des oben abgebildeten Hauses, an denen Ihrer Meinung nach Wärmeverluste zu verzeichnen sind.

c) Nennen Sie die von Ihnen in der Aufgabe 5b) markierten Bereiche und beschreiben Sie Maßnahmen, die an diesen Stellen zu einer Energieeinsparung beitragen würden.

d) Erläutern Sie zwei Möglichkeiten, mit denen Sie den Erfolg Ihrer durchgeführten Energiesparmaßnahmen überprüfen könnten.

Datum

Name

Solare Heizungsunterstützung

In modernen Häusern kann ein erheblicher Teil des Gesamtenergiebedarfs für die Trinkwassererwärmung und Raumheizung durch eine Kombisolaranlage gewonnen werden. Allerdings ist zu beachten, dass der größte Bedarf an Heizenergie und der größte solare Ertrag nicht zusammenfallen.

1 Vervollständigen Sie das Diagramm um die Anteile der in der Legende genannten Größen. Verwenden Sie die vorgegebenen Farben.

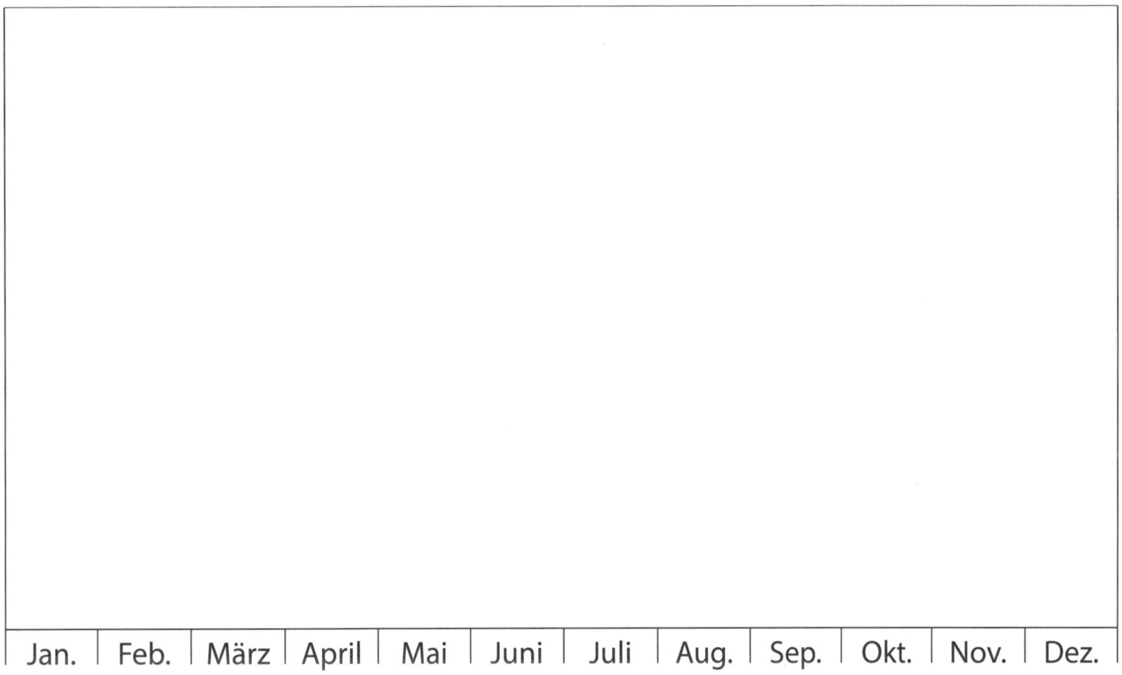

Warmwasserbedarf Sonneneinstrahlung auf die Kollektorfläche

Heizenergiebedarf

2 Dargestellt sind eine Kombisolaranlage mit Langzeitspeicher und eine mit Kurzzeitspeicher.

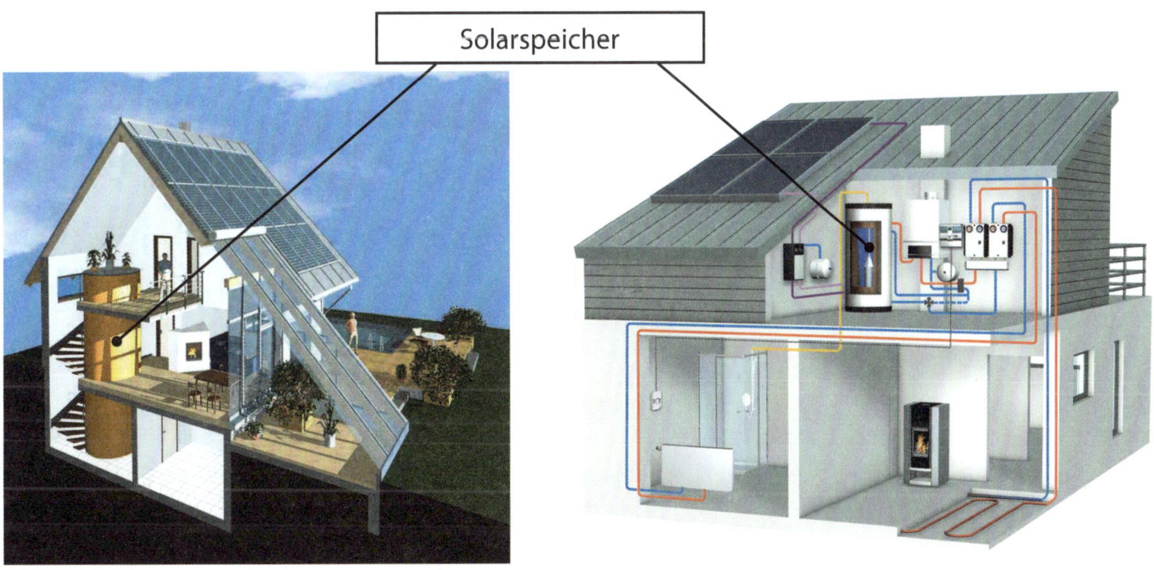

Datum

Name

[+] a) Informieren Sie sich im Internet über verschiedene Möglichkeiten der Langzeitspeicherung von Solarenergie und beschreiben Sie ein Beispiel.

[+] b) Mit der richtigen Auslegung und der Verwendung von Langzeitspeichern können bis zu 100 Prozent des Heizenergiebedarfs durch eine Solaranlage gedeckt werden. Zahlreiche Institute in Deutschland beschäftigen sich seit Langem mit einem überwiegend durch die Sonne beheizten Haus. Informieren Sie sich im Internet über dieses Thema mithilfe des Stichwortes „Haus mit 100 Prozent solarer Deckungsrate". Nennen Sie die Merkmale eines solchen Hauses.

Datum

Name

3 Dargestellt sind zwei Anlagen zur Gewinnung und Nutzung von solarer Energie.
a) Unterscheiden Sie in „Solaranlage zur Trinkwassererwärmung" und „Kombisolaranlage".
b) Benennen Sie die jeweilige Speicherart.
c) Die Solaranlage zur Trinkwassererwärmung verfügt über zwei Kollektoren. Über wie viele Kollektoren müsste diese Anlage verfügen, wenn sie zusätzlich zur Heizungsunterstützung eingesetzt werden soll.

a)

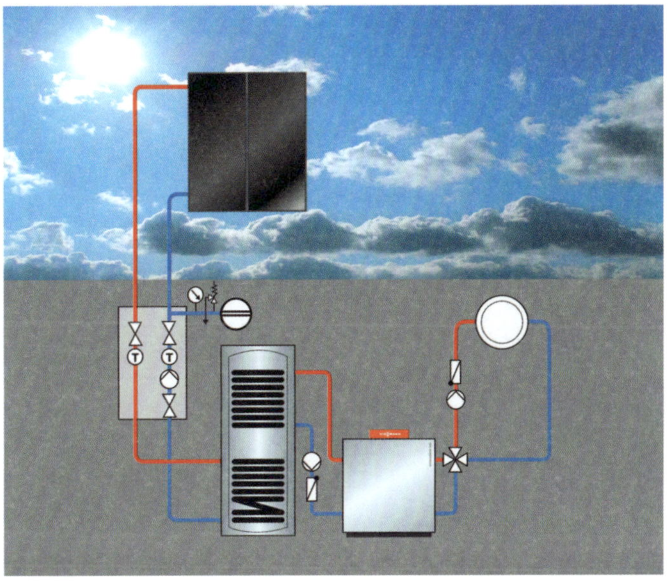

b)

a)

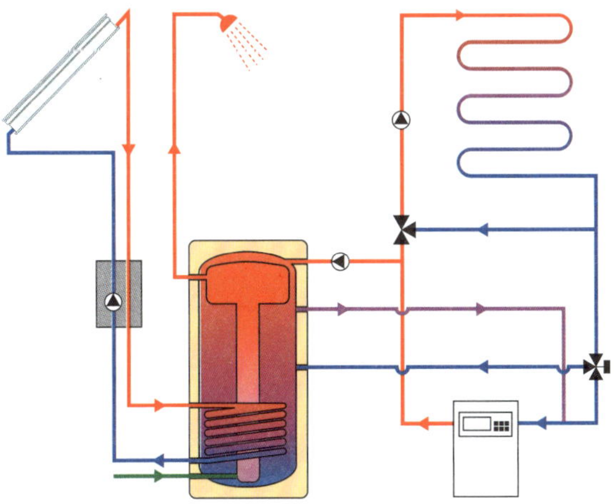

b)

c)

4 Das Speicherwasser von Kombisolaranlagen wird in den Sommermonaten sehr heiß. Es können Temperaturen bis zu 90 °C erreicht werden. Um die Verbrühungsgefahr bei der Nutzung von solar erwärmtem Trinkwasser zu minimieren, wird ein sogenannter Verbrühungsschutz installiert. Zeichnen Sie den Verbrühungsschutz in das Anlagenschema der Kombisolaranlage ein.

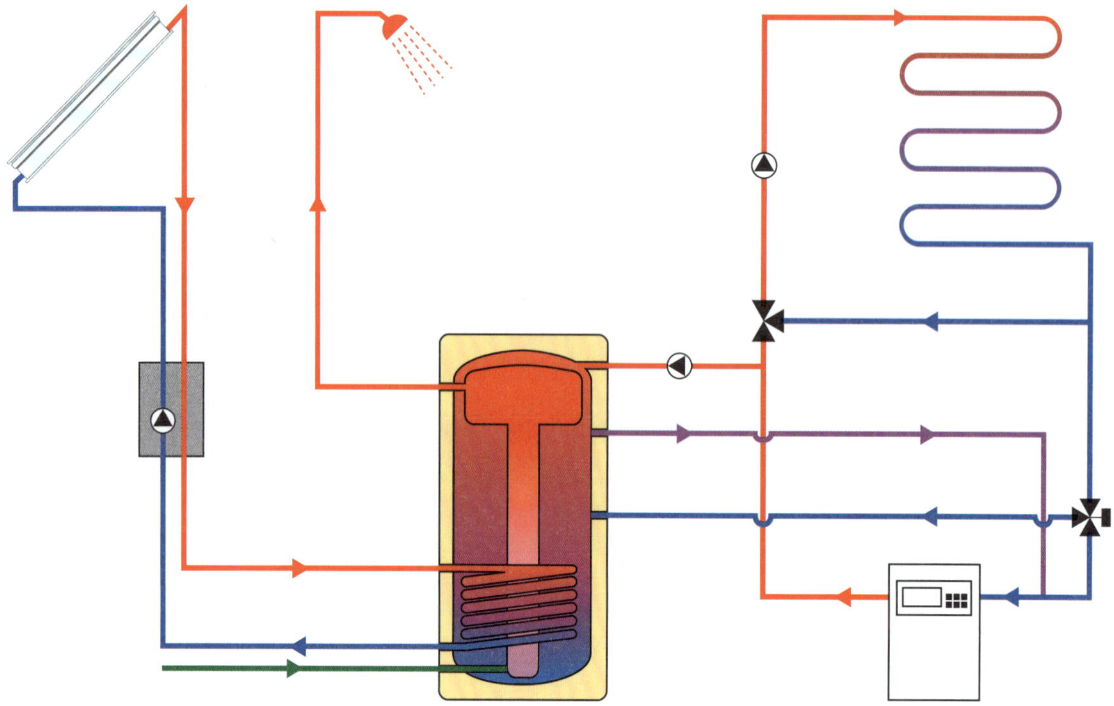

5 Kombisolaranlagen müssen auch in den Wintermonaten einen bestimmten Anteil an solarer Energie bereitstellen. Damit die wenige zur Verfügung stehende Sonnenenergie auch verwertet werden kann, wird die Kollektorfläche wesentlich vergrößert. Das führt allerdings zu einem Überangebot an solarer Energie im Sommer. Erklären Sie die Probleme, die durch den vom Überangebot verursachten Stillstand der Anlage entstehen.

Datum

Name

Wärmepumpen

1 Übersetzen Sie sinngemäß folgenden Text:

The heat pump uses ambient heat which is stored in the air, water and ground-natural heat sources. Much of this environmental energy comes from the sun, but heat also comes from deep within the ground. These renewable energies are heated from a low to a higher temperature level by means of sophisticated technology, making them suitable for heating purposes.

2 Tragen Sie die folgenden englischen Begriffe in die dafür vorgesehenen Antwortfelder in der Abbildung ein:

evaporator, compressor, condenser, expansion valve, low-pressure side, high-pressure side, liquid refrigerant, refrigerant vapor, compressed refrigerant vapor, thermal input, thermal output

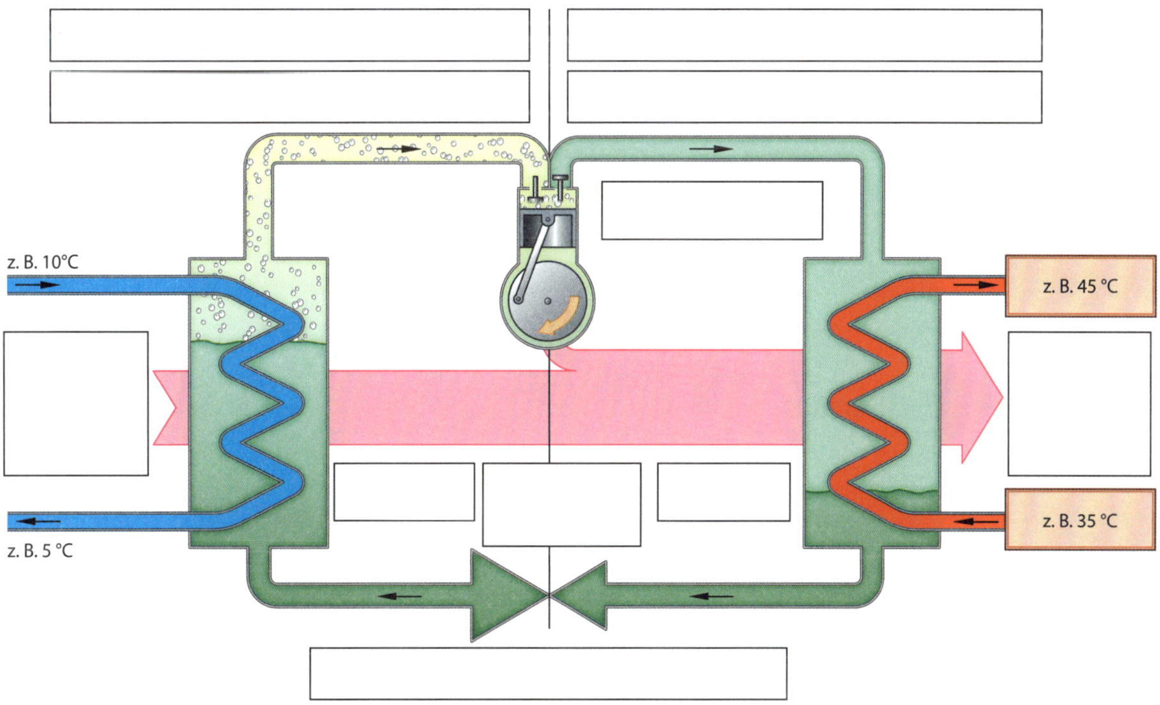

[+] 3 Beschreiben Sie die Aufgaben nachstehender vier Bauteile einer Wärmepumpe.

Bauteil	Bezeichnung	Aufgabe
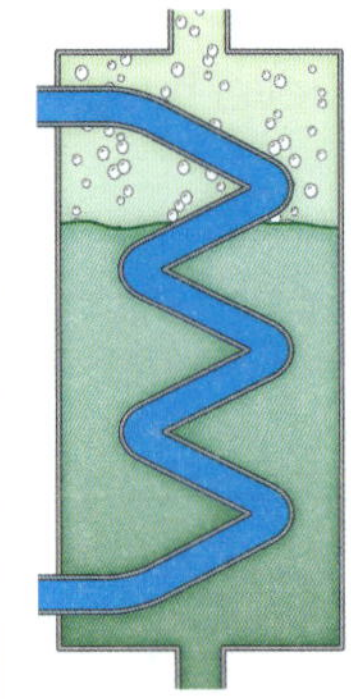	Verdampfer	
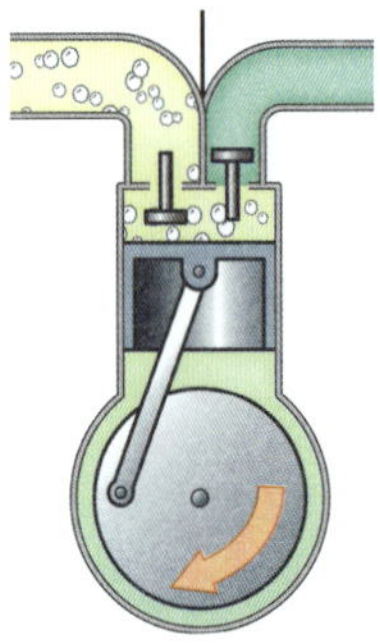	Verdichter	
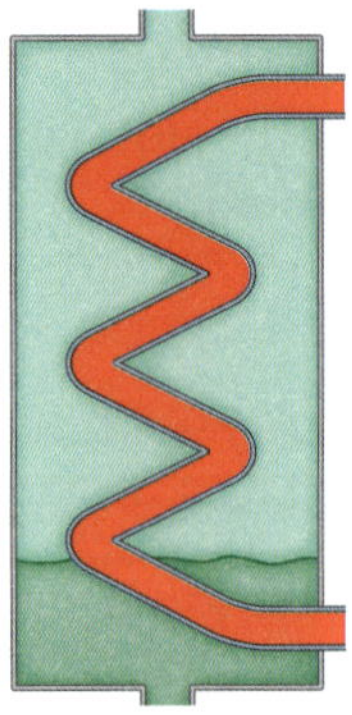	Verflüssiger	
	Expansionsventil	

4 Vergleichen Sie in der Tabelle auf der Seite 95 die unterschiedlichen Anlagenkonzepte von Wärmepumpen anhand folgender Merkmale: Wärmequelle, Wärmeträgermedium, Flächenbedarf bzw. Bohrtiefe, Temperaturbereich der Wärmequelle und theoretisch mögliche Leistungszahl. Unter Umständen benötigen Sie zur Lösung weitere Informationsquellen.

Datum

Name

Sole-Wasser-Wärmepumpe mit Erdkollektoren

Sole-Wasser-Wärmepumpe mit Erdsonden

Wasser-Wasser-Wärmepumpe mit Förder- und Schluckbrunnen

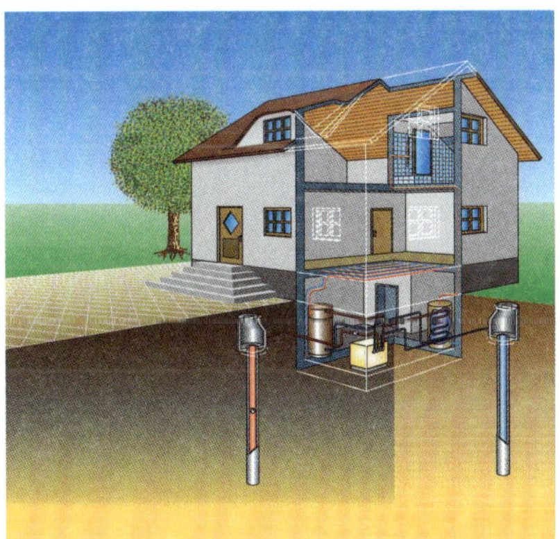

Luft-Wasser-Wärmepumpe

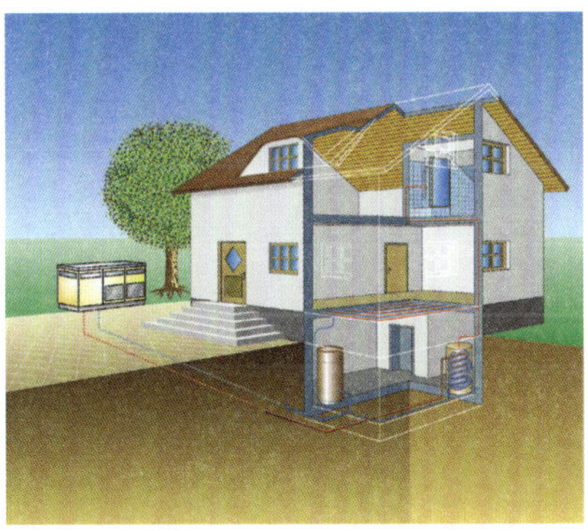

Datum

Name

[+] 5 Sole-Wasser- und Wasser-Wasser-Wärmepumpen können monovalent betrieben werden. Luft-Wasser-Wärmepumpen benötigen hingegen eine zweite Energiequelle, die ab einem bestimmten Bivalenzpunkt die Wärmepumpe entweder unterstützt oder ersetzt.

a) Erläutern Sie das unten stehende Diagramm.

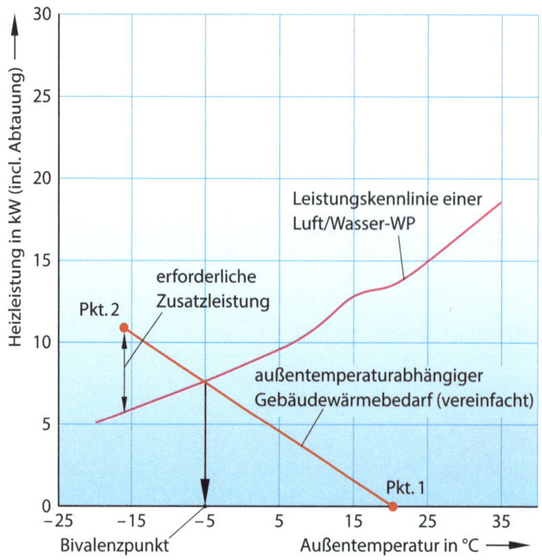

b) Geben Sie den Bivalenzpunkt (Außentemperatur und Heizleistung) an.

c) Bestimmen Sie die erforderliche Zusatzleistung des Elektroheizstabes bei −16 °C.

Datum

Name

6 Es gibt viele Gründe, die für den Einsatz eines Pufferspeichers in Verbindung mit einer Wärmepumpe sprechen. Einer der Gründe ist die Überbrückung von EVU-Sperrzeiten.

a) Beschreiben Sie die Aufgabe eines Pufferspeichers im Allgemeinen.

b) Informieren Sie sich darüber, was EVU-Sperrzeiten sind und welchen Sinn diese haben. [+]

c) Nennen Sie weitere Gründe, die für den Einsatz eines Pufferspeichers in Verbindung mit einer Wärmepumpe sprechen.

Datum

Name

7 Die unterschiedlichen Anlagenkonzepte der Wärmepumpe sind auch unterschiedlich wirtschaftlich.

a) Erklären Sie, wovon die Wirtschaftlichkeit einer Wärmepumpe abhängt.

b) Sie sind mit der Installation einer Wärmepumpe inklusive Wärmenutzungsanlage beauftragt worden. Zur Auswahl stehen eine Anlage mit Heizkörpern und eine Fußbodenheizungsanlage. Entscheiden Sie sich für eine Anlage und begründen Sie.

[+] 8 Eine neue Art mittels Wärmepumpe zu heizen ist die sogenannte Eisheizung. Informieren Sie sich über diese Technologie und erläutern Sie nachstehend die Funktionsweise.

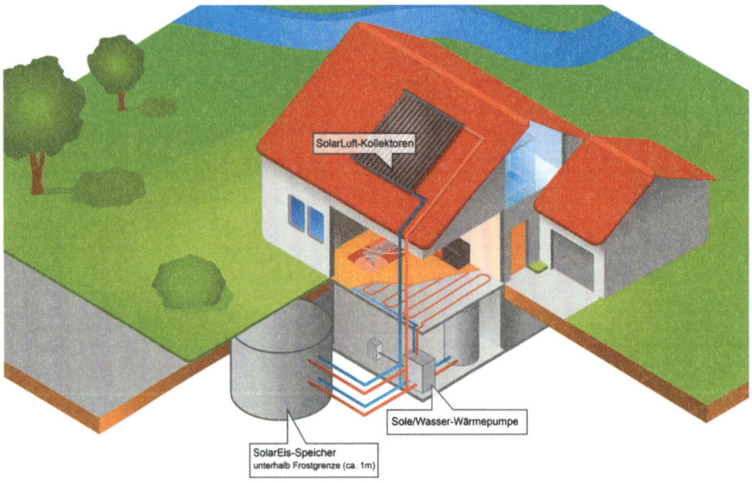

Datum

Name

Fernwärmeversorgung

1 Betrachten Sie das abgebildete Haus. Nennen und begründen Sie Veränderungen, die durch den Anschluss des Hauses an ein Fernwärmenetz entstehen würden.

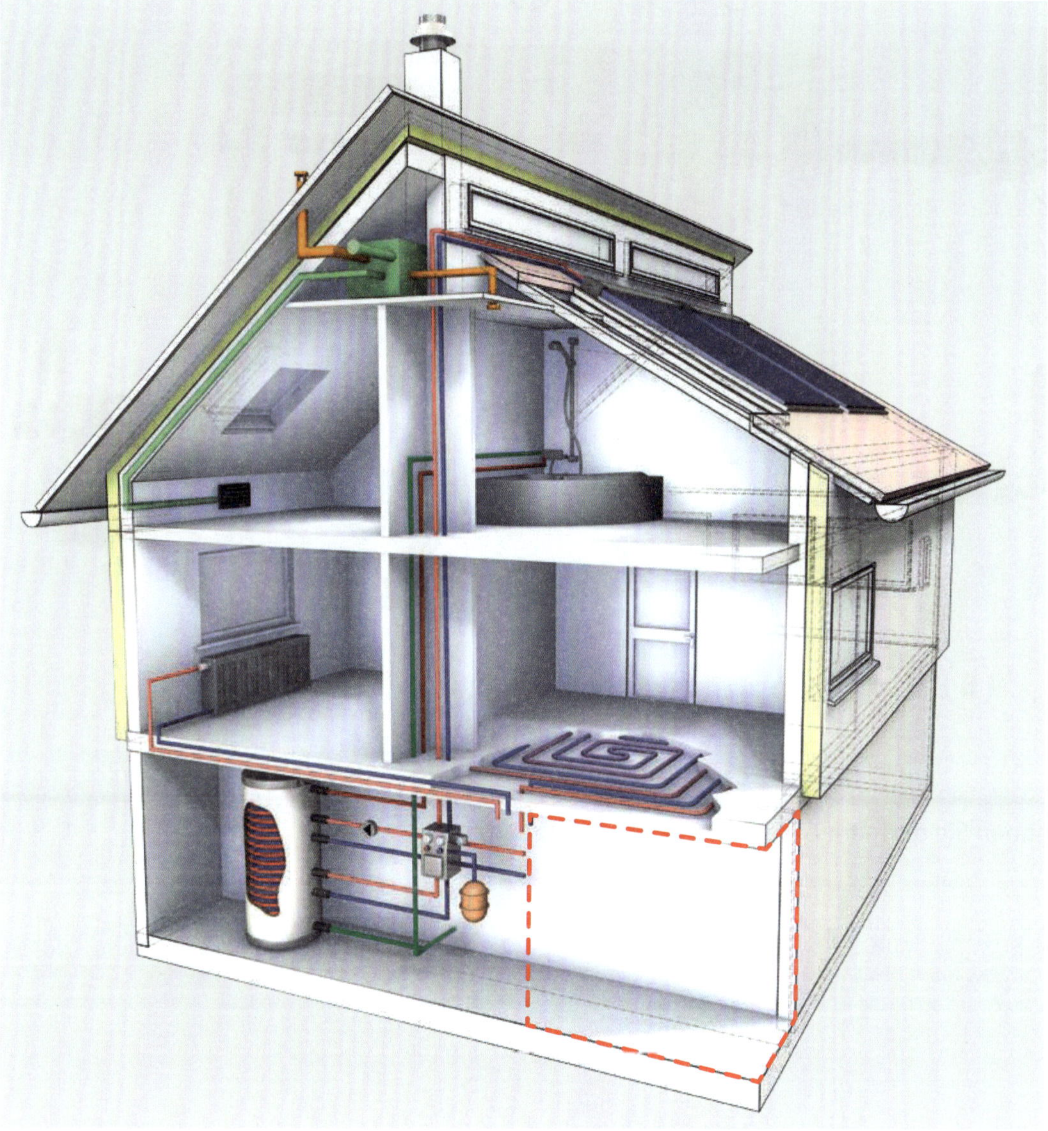

Datum

Name

2 Zum Anschluss des auf der Seite 99 dargestellten Einfamilienhauses an eine Fernwärmeversorgungsanlage wird eine Hauszentrale benötigt.

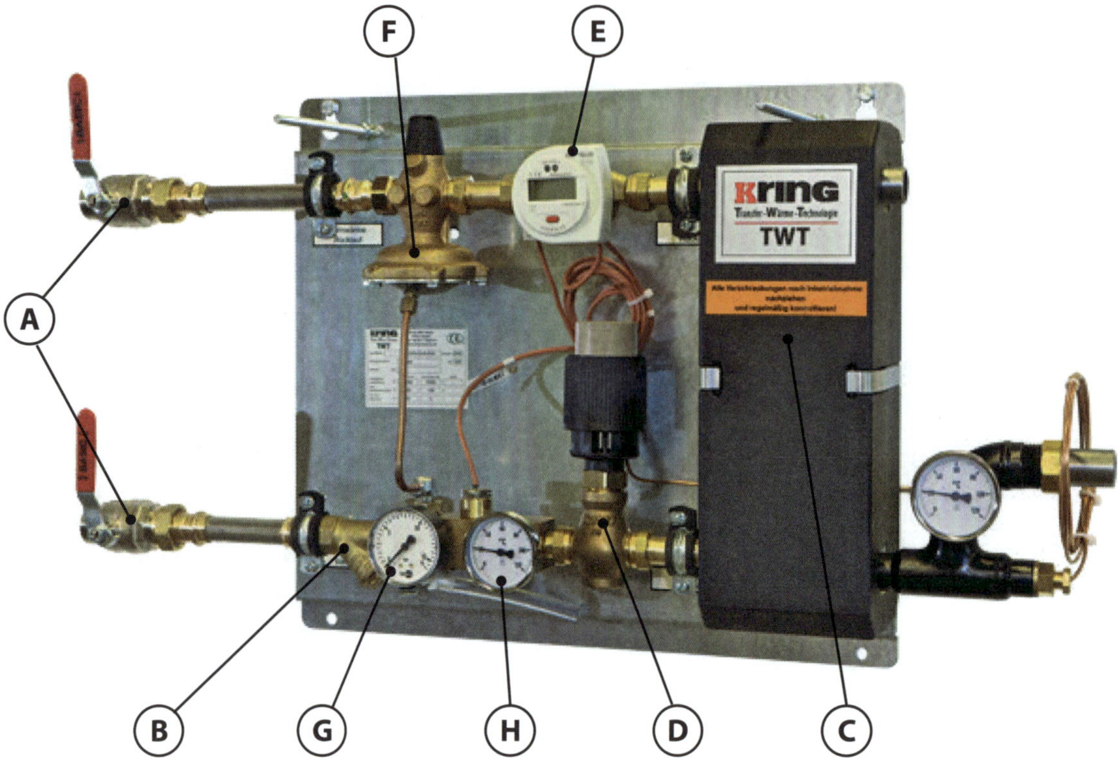

a) Benennen Sie die markierten Bauteile der Hauszentrale.

D – Temperaturregler ohne Hilfsenergie

F – Differenzdruckregler

b) Zeichnen Sie das Schema dieser Hauszentrale mit den üblichen Symbolen und Farben.

c) Handelt es sich bei der oben gezeichneten Hauszentrale um eine mit direktem oder eine mit indirektem Anschluss an die Fernwärmeversorgungsanlage?

d) Falls es sich um einen direkten Anschluss handelt, nennen Sie die Merkmale eines indirekten Anschlusses. Falls es sich um einen indirekten Anschluss handelt, nennen Sie die Merkmale eines direkten Anschlusses.

Datum

Name

3 Zeichnen Sie die Anschlussschemen des direkten und des indirekten Anschlusses (im Fachbuch 3137, Seiten 322 und 323) jeweils ohne Mess- und Regeleinrichtungen. [Seiten 322, 323]

direkter Anschluss

indirekter Anschluss

Datum

Name

h-*x*-Diagramm für feuchte Luft und seine physikalischen Grundlagen

1 Zur Größenbestimmung und den wirtschaftlichen Betrieb von raumlufttechnischen Anlagen benötigt der Anlagenmechaniker sowohl messbare physikalische Größen als auch Größen, die berechnet werden müssen.

a) Verbinden Sie mit einem **blauen** Strich die physikalischen Größen, die **gemessen** werden können, und mit einem **grünen** Strich die Größen, die **berechnet** werden können.

Physikalische Größe		Zuordnung
Dichte der Luft		
Temperatur		messbare Größen
Absolutfeuchte		
relative Feuchte		
Wärmeinhalt (Enthalpie)		berechenbare Größen
Druck		

b) Weshalb ist das *h*-*x*-Diagramm nach Mollier von großer Bedeutung in der Raumlufttechnik?

2 Das *h*-*x*-Diagramm ist abhängig vom Luftdruck.
Nennen Sie die zwei Partialdrücke, aus denen der Gesamtluftdruck besteht.

Datum

Name

3 Die Temperatur im *h-x*-Diagramm:

a) Beschriften Sie im dargestellten nicht vollständigen *h-x*-Diagramm die senkrechte und die waagrechte Achse mit den richtigen Begriffen und Einheiten.

b) Zeichnen Sie die Linien der Lufttemperatur in das *h-x*-Diagramm ein und beschriften Sie Ihre Linien (Skalenmaßstab 0,5 cm ≙ 5 °C).

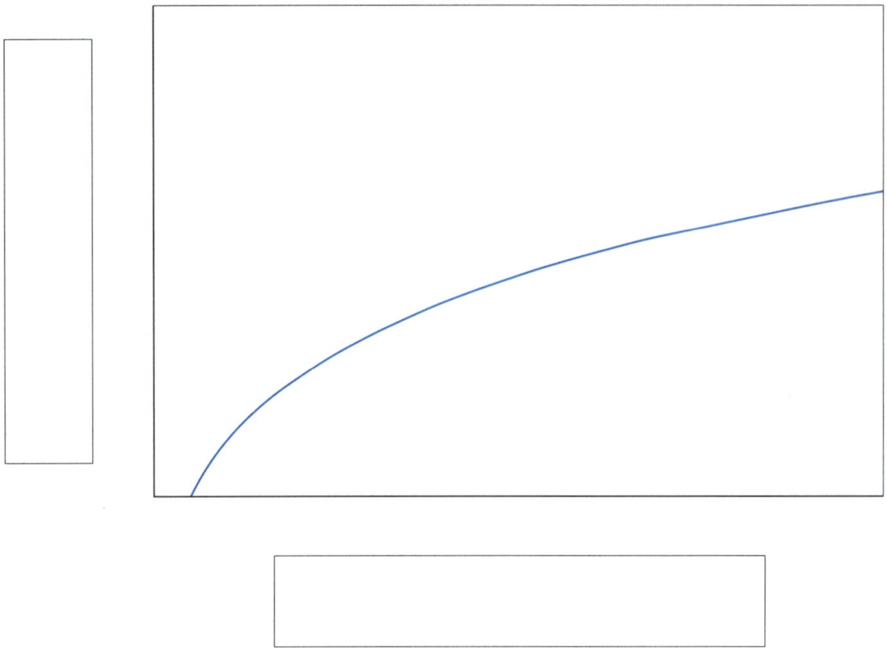

4 Im *h-x*-Diagramm gelb dargestellt ist das sogenannte Behaglichkeitsfeld. Ermitteln Sie aus dem *h-x*-Diagramm den Temperatur- und den Feuchtebereich (relative Feuchtigkeit), in dem sich der Mensch behaglich fühlt.

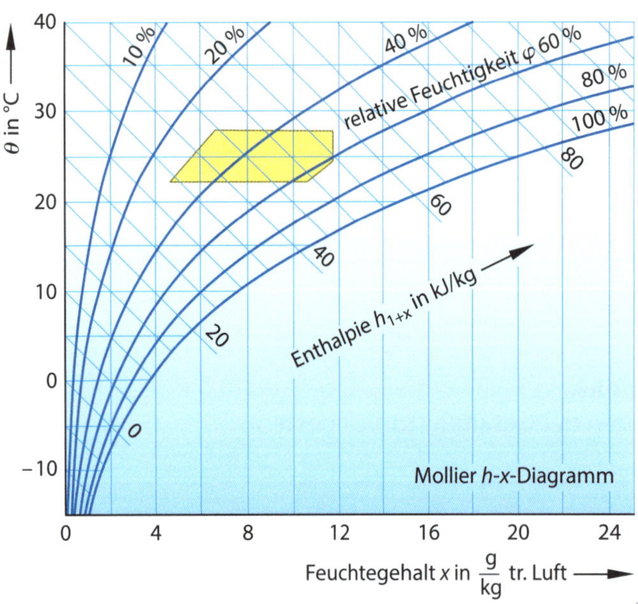

Datum
Name

5 Die relative Feuchte im *h-x*-Diagramm:

a) Was versteht man unter der relativen Feuchte?

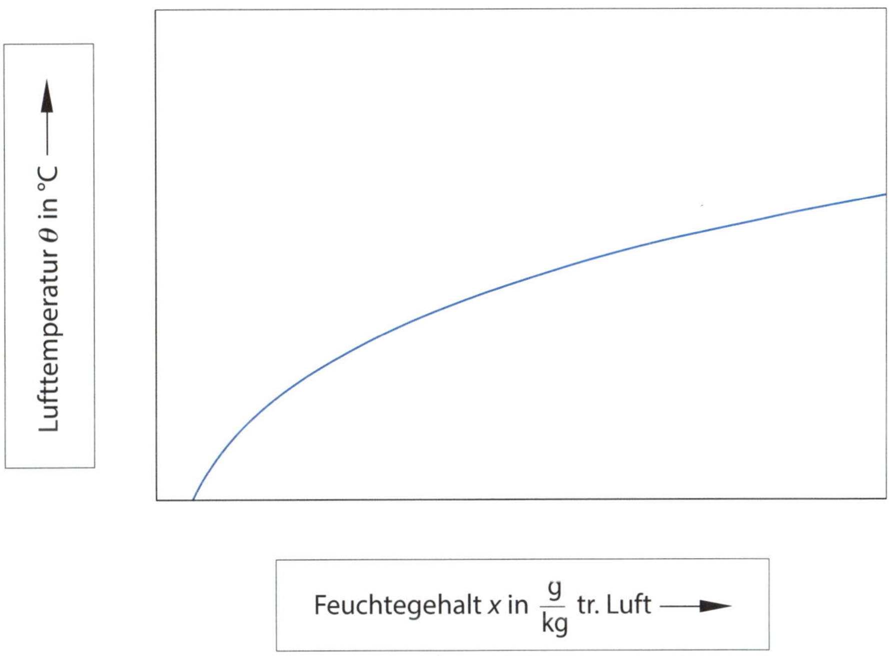

b) Zeichnen Sie die Linien der relativen Feuchte so genau wie möglich in das *h-x*-Diagramm ein und beschriften Sie Ihre Linien.

c) Die 100 %-Linie wird auch als Sättigungslinie bezeichnet. Erklären Sie diese Besonderheit. [!]

Datum

Name

6 Die absolute Feuchte im *h-x*-Diagramm:

a) Was versteht man unter absoluter Feuchte?

b) Nennen Sie die Einheit der absoluten Feuchte und erklären Sie deren Bedeutung.

c) Zeichnen Sie die Linien der absoluten Feuchte so genau wie möglich in das *h-x*-Diagramm ein und beschriften Sie Ihre Linien (Skalenmaßstab 1 cm ≙ 2 $\frac{g}{kg}$).

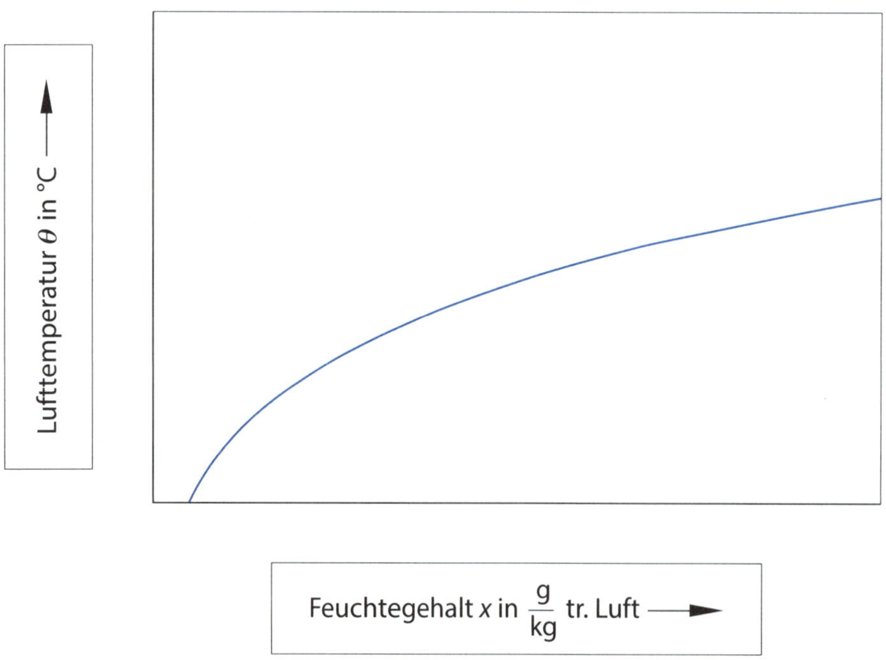

Datum

Name

7 Die Enthalpie (Wärmeinhalt) im *h-x*-Diagramm:

a) Was versteht man unter der Enthalpie der Luft und aus welchen Bestandteilen besteht die Enthalpie?

b) Zeichnen Sie die Linien der Enthalpie so genau wie möglich in das *h-x*-Diagramm ein und beschriften Sie Ihre Linien (Skalenmaßstab 0,7 cm $\triangleq$ 10 $\frac{kJ}{kg}$).

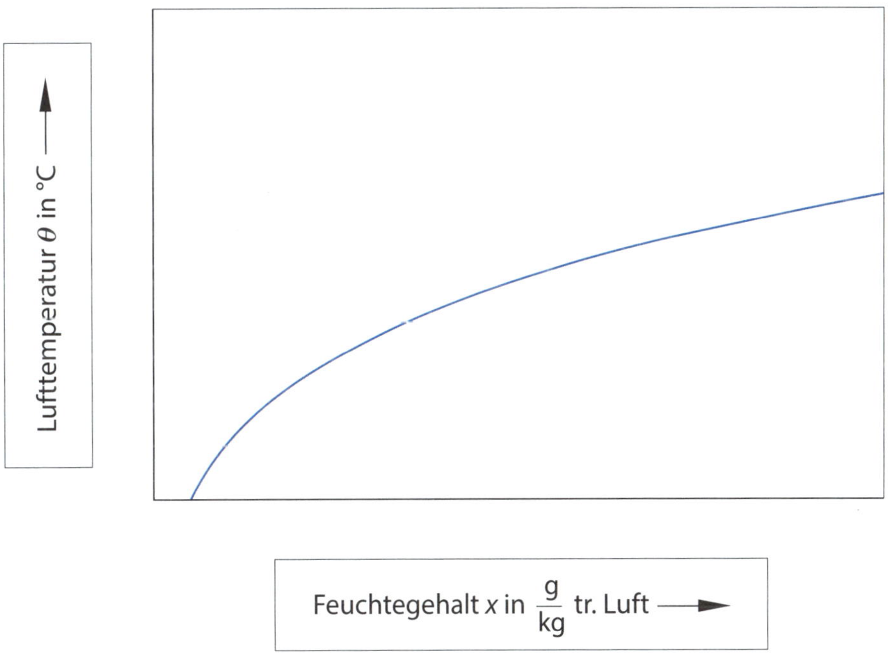

c) Ermitteln Sie aus einem *h-x*-Diagramm, bei welcher Temperatur und bei welchem Feuchtegehalt die Luft einen Wärmeinhalt von $h = 0\ \frac{kJ}{kg}$ besitzt.

8 Ermittlung der Taupunkttemperatur mithilfe des *h-x*-Diagramms:

Die Taupunkttemperatur θ_{TP} ist diejenige Temperatur, bei welcher der in der Luft vorhandene Wasserdampf beginnt zu kondensieren, d. h. als Wasser sichtbar wird.

Beispiel:

Sie nehmen eine Sprudelflasche aus dem Kühlschrank (8 °C) und stellen diese auf den Tisch (Raumtemperatur 20 °C, relative Feuchte im Raum beträgt 50 %). Welche Beobachtung machen Sie nach einiger Zeit?

Mithilfe des *h-x*-Diagramms kann die Taupunkttemperatur ermittelt werden, indem die Luft bis auf die Sättigungslinie abgekühlt wird und dann die entsprechende Temperatur abgelesen wird.

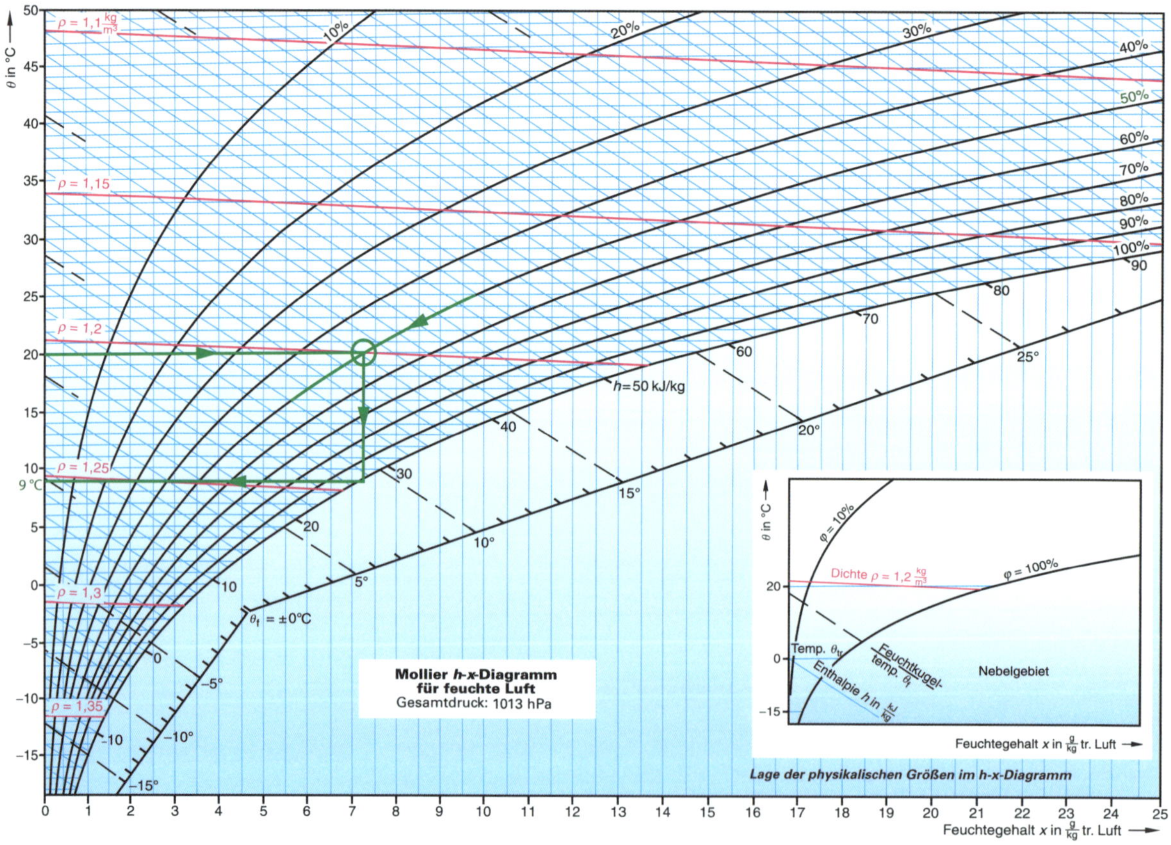

Die Taupunkttemperatur beträgt demnach **9** °C.

Das heißt, die Luft direkt an der Flasche wurde auf mindestens diese Temperatur abgekühlt, sodass ein Teil des in der Luft enthaltenen Wasserdampfes kondensiert ist.

9 Übungen mit dem *h-x*-Diagramm:

a) Tragen Sie die Luftzustände aus der unten stehenden Tabelle in das *h-x*-Diagramm auf der Seite 106 ein und ergänzen Sie in der Tabelle die noch fehlenden Werte.

Nr.	Temperatur θ	absolute Feuchte x	relative Feuchte φ	Enthalpie h	Taupunkttemperatur θ_{TP}
	°C	$\frac{g}{kg}$	%	$\frac{kJ}{kg}$	°C
1	20	4			
2		9		53	
3			100		22
4				27,5	5
5	–5		50		

b) Ein Luftzustand ist mit $\varphi = 50\,\%$ und $\theta = 25\,°C$ gegeben. Markieren Sie den Luftzustand im *h-x*-Diagramm auf der Seite 110 und ermitteln Sie die weiteren Werte für x, h und θ_{TP}.

c) Der Luftzustand aus Aufgabe 9b) wird durch eine thermodynamische Luftbehandlung verändert. Der neue Luftzustand wird mit $\varphi = 80\,\%$ und $\theta = 14\,°C$ angegeben. Tragen Sie diesen neuen Luftzustand ebenfalls in das *h-x*-Diagramm auf der Seite 110 ein und ermitteln Sie die Werte für x, h und θ_{TP}.

d) Verbinden Sie die beiden Luftzustände aus den Aufgaben 9b) und 9c) im *h-x*-Diagramm auf der Seite 110 mit einem Pfeil. Geben Sie an, mit welcher thermodynamischen Luftbehandlungsmethode der neue Luftzustand erreicht wurde.

e) Berechnen Sie, um wie viel sich h und x verändert haben.

Datum

Name

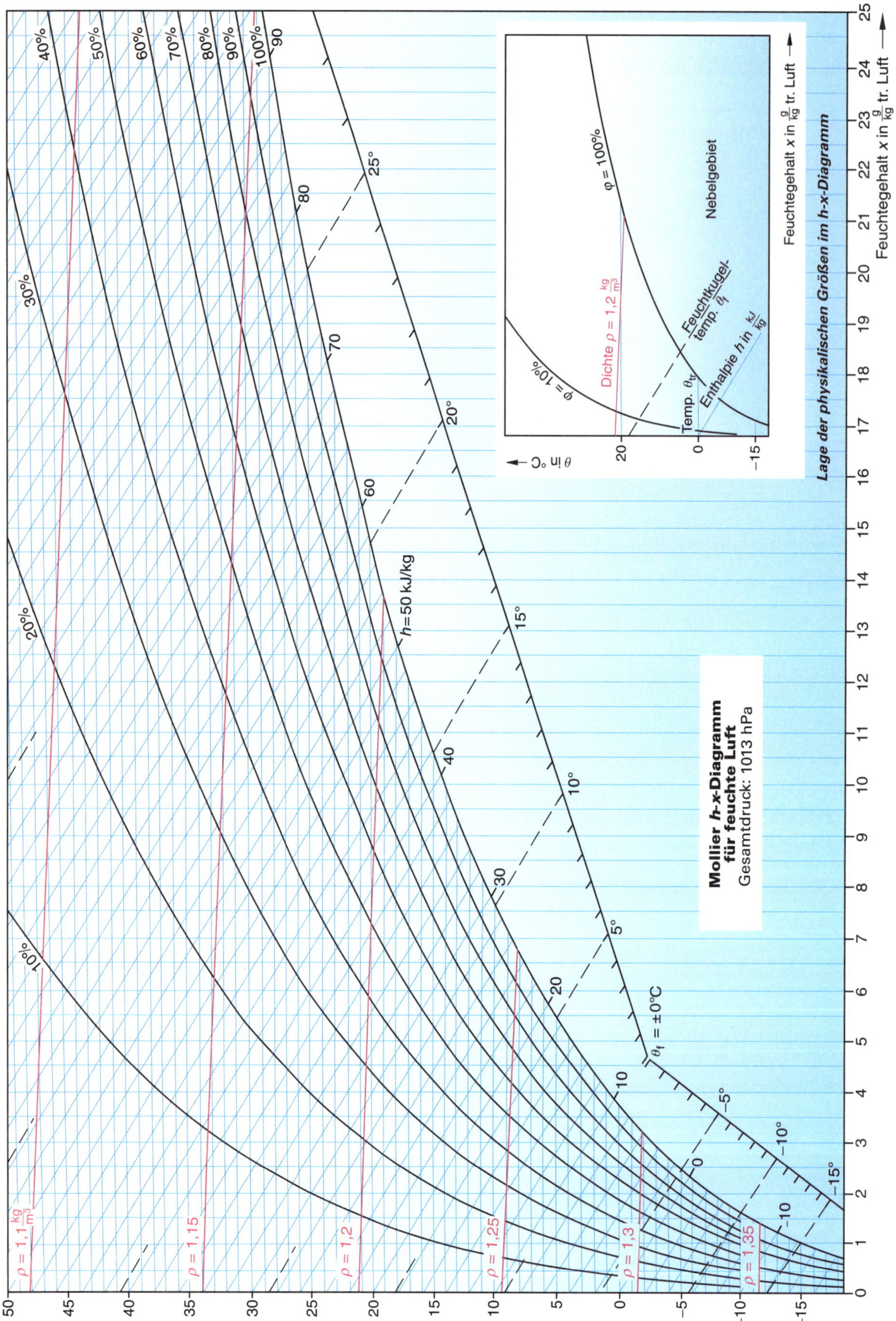
Mollier h-x-Diagramm
für feuchte Luft
Gesamtdruck: 1013 hPa
Lage der physikalischen Größen im h-x-Diagramm
Nebelgebiet
φ = 100%
φ = 10%
Dichte ρ = 1,2 kg/m³
Feuchtkugel-temp. θf
Temp. θtr
Enthalpie h in kJ/kg
Feuchtegehalt x in g/kg tr. Luft
θ in °C
10%
20%
30%
40%
50%
60%
70%
80%
90%
100%
h=50 kJ/kg
θf = ±0°C
ρ = 1,1 kg/m³
ρ = 1,15
ρ = 1,2
ρ = 1,25
ρ = 1,3
ρ = 1,35

Datum

Name

Kontrollierte Wohnungslüftung mit Zubehör

1 Durch ein zentrales Wohnungslüftungsgerät werden unterschiedliche Luftarten hindurchgeleitet.

Nennen Sie die vier Luftarten, das entsprechende Kurzzeichen nach DIN 1946-6 und die zugehörige Farbkennzeichnung. (In einem Wohnungslüftungsgerät findet meist nur eine thermodynamische Luftbehandlung statt.)

www

Lüftungsgeräte

Luftart	Kurzzeichen nach DIN 1946-6	Farbe

2 In der Abbildung unten ist das Lüftungsgerät zur kontrollierten Wohnungslüftung von Einfamilienhäusern dargestellt. Eine Prinzipzeichnung des Lüftungsgerätes finden Sie auf der Seite 112.

a) Übertragen Sie die Bezeichnungen der Bauteile aus der Abbildung unten in die Prinzipzeichnung auf der Seite 112.

Abgebildet: Modell R

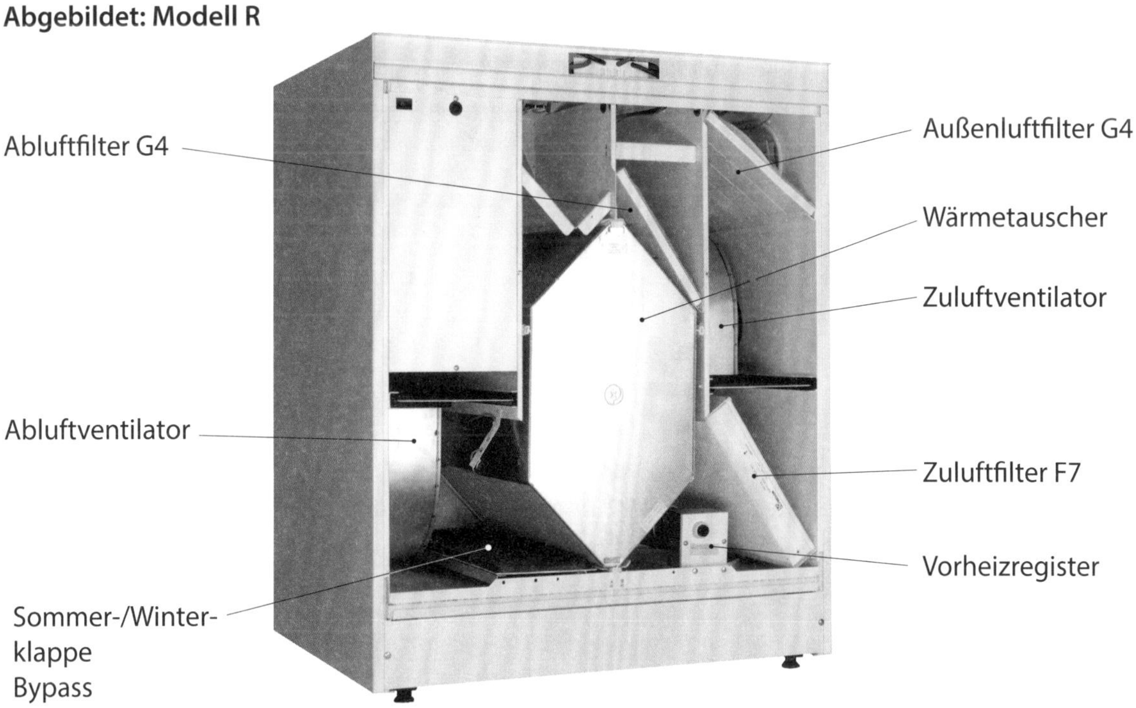

Datum

Name

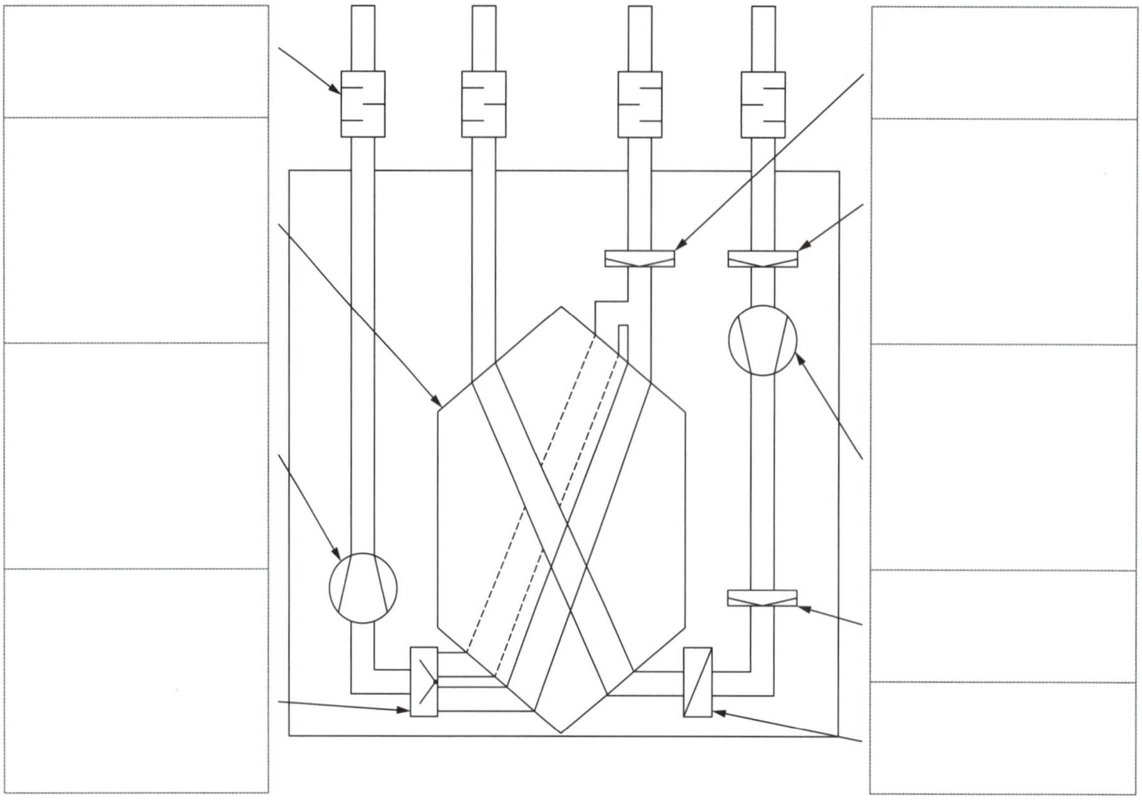

b) Schraffieren Sie in der Abbildung auf der Seite 111 und in der Prinzipzeichnung oben die Bereiche der Ab-, Zu-, Fort- und Außenluft in den entsprechenden Farben.

c) Benennen Sie in der Prinzipzeichnung oben die Bauteile, die oberhalb des Lüftungsgerätes angebracht sind.

3 In diesem Lüftungsgerät sind unterschiedliche Luftfilter eingebaut.

a) Beschreiben Sie den Verwendungszweck von Luftfiltern.

[+] b) Entschlüsseln Sie die Filterkurzbezeichnungen G4 und F7 und geben Sie die jeweilige Luftart an, die gefiltert wird.

c) Welchen mittleren Abscheidegrad (A_m) bzw. mittleren Wirkungsgrad (E_m) haben die eingebauten Filter?

d) Welche Teilchengröße in µm können die verbauten Filter herausfiltern? Nennen Sie zu den Teilchengrößen auch Beispiele.

e) Die eingebauten Filter gehören zur Gruppe der Flächenfilter. Der Grobfilter ist ein Planfilter und der Feinfilter ist in V-Form ausgeführt. Erklären Sie die Begriffe Flächenfilter, Planfilter, V-Form und nennen Sie Vor- und Nachteile dieser Filterbauarten.

Datum

Name

4 In das Wohnungslüftungsgerät ist ein Plattenwärmetauscher eingebaut. Dieser Wärmetauscher gehört zur Gruppe der Rekuperatoren.

a) Erklären Sie den Aufbau und die Funktionsweise.

b) In der unten stehenden Abbildung sind die Wärme abgebenden (11 → 12, Abluft) und die Wärme aufnehmenden (21 → 22, Außenluft) Luftströme im *h*-*x*-Diagramm dargestellt. Geben Sie an, wie sich die beiden Luftströme verändern. Werden diese wärmer, kälter, feuchter, trockener, steigt oder fällt die Enthalpie?

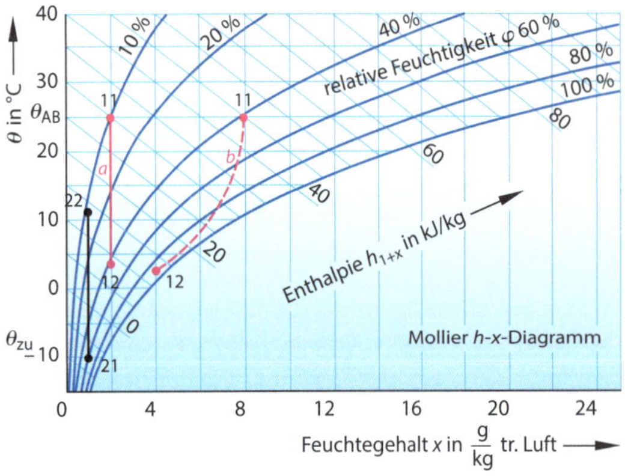

a) bei geringem Feuchtegehalt der Abluft
b) bei hohem Feuchtegehalt der Abluft

c) Das Ziel von Wärmeübertragern ist, so viel Wärme wie nur möglich zurückzugewinnen. Dies kann berechnet werden. Nennen Sie Berechnungsformel der Rückwärmzahl.

d) Beschriften Sie die Zeichnung mit folgenden Begriffen:
abgekühlte Abluft, kalte Außenluft, warme Abluft, vorgewärmte Außenluft, θ_{21}; θ_{11}; θ_{12}; θ_{22}

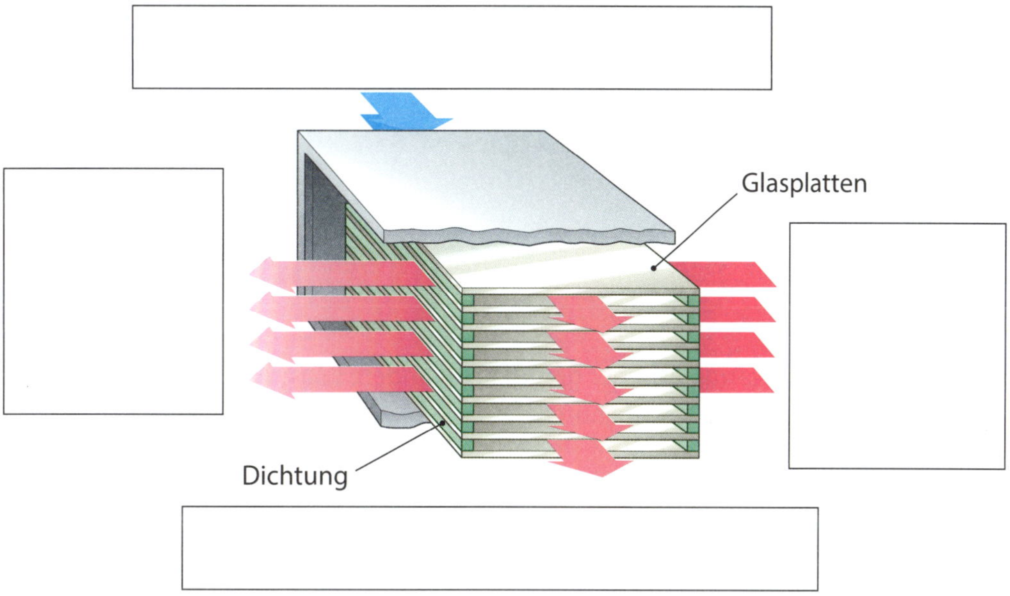

e) In den Fotos dargestellt sind vier Lufttemperaturen, die von bzw. zu einem Wohnungslüftungsgerät mit einem Plattenwärmetauscher strömen. Ordnen Sie den in den Bildern gezeigten Temperaturen die richtigen Luftströme zu (Außenluft, Fortluft, Zuluft, Abluft) und geben Sie jeweils die Temperaturen an.

f) Berechnen Sie die Rückwärmzahl für die in Aufgabe 4e) angegebenen Temperaturen und geben Sie diese auch als Prozentzahl an.

g) Berechnen Sie die Wärmemenge, die Sie aus der Abluft zurückgewinnen könnten, wenn diese einen Energiegehalt von 5000 Wh besitzt.

h) Neben dem Plattenwärmetauscher gibt es noch andere Wärmerückgewinnungssysteme. Ermitteln Sie für die nachstehend genannten Systeme die Rückwärmzahlen.

Wärmerückgewinnungssystem	**Rückwärmzahl**
Rotationswärmeübertrager	
Speicherplatten–Regenerator	

i) Erklären Sie, wie es zum Vereisen des Plattenwärmetauschers kommen kann (Hinweis: siehe *h-x*-Diagramm bei hohem Feuchtegehalt der Abluft auf der Seite 114.

Datum

Name

j) Erläutern Sie eine Maßnahme, wie das Vereisen des Plattenwärmetauschers verhindert werden kann.

5 In einem Lüftungsgerät sind Ventilatoren eingebaut.

a) Beschreiben Sie den Verwendungszweck von Ventilatoren.

b) Zeichnen Sie in die unten stehenden Abbildungen eines Radialventilators die Luftströme in der richtigen Richtung mithilfe von Pfeilen ein.

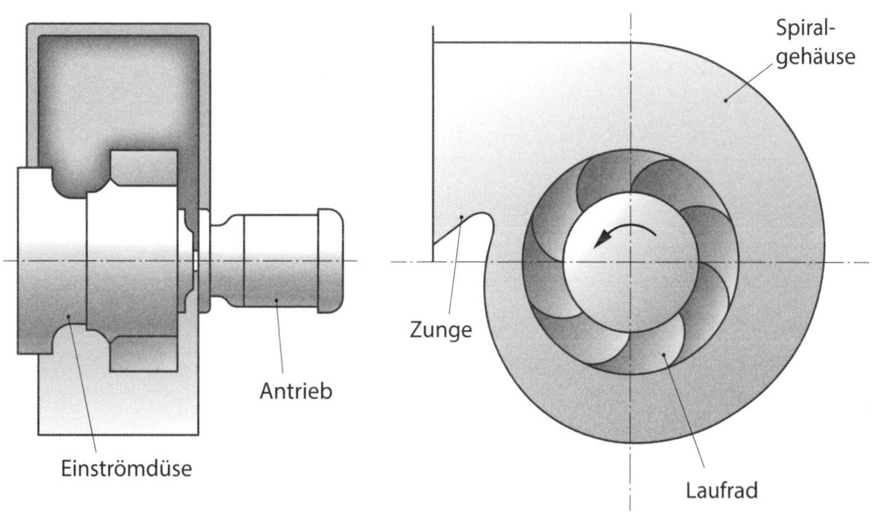

6 In fast jeder Lüftungsanlage sind sogenannte Schalldämpfer zu finden.

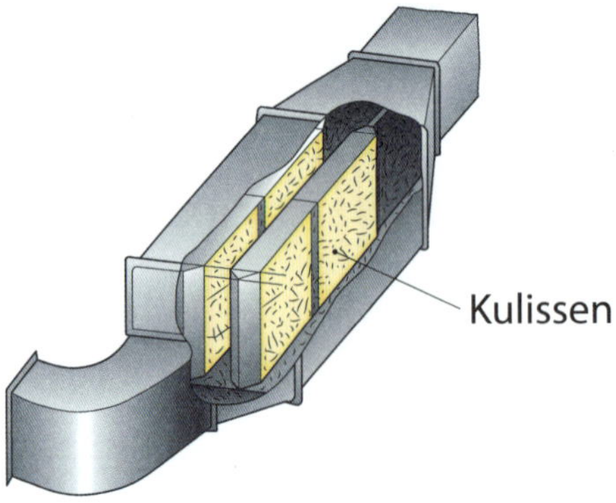

a) Erklären Sie, weshalb Schalldämpfer besonders in Wohnungslüftungsanlagen benötigt werden.

b) Erklären Sie den Begriff „natürliche Schalldämpfung".

c) Erklären Sie das Funktionsprinzip der „künstlichen Schalldämpfung".

Datum

Name

d) Eine besondere Art von Schalldämpfer ist in unten stehender Abbildung dargestellt. Benennen Sie diese Schalldämpferart.

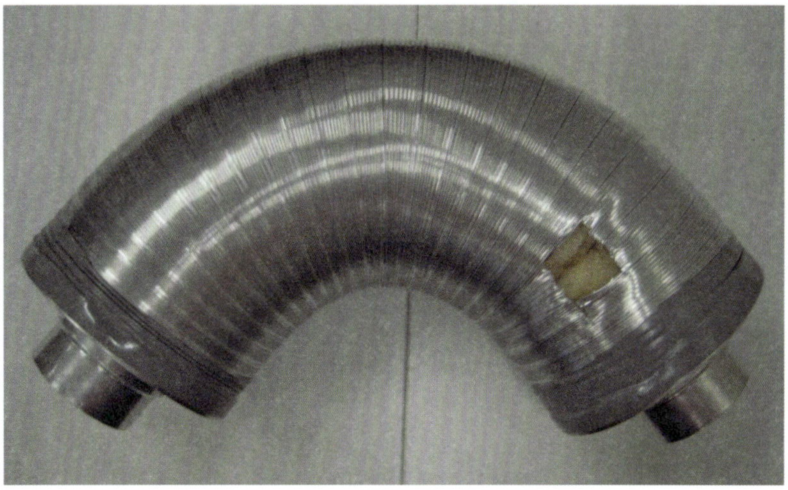

e) Erklären Sie, weshalb diese Schalldämpferbauart besonders geeignet ist für Wohnungslüftungsanlagen.

7 Optional können in Wohnungslüftungsgeräte Lufterhitzer eingebaut werden.

a) Ordnen Sie der Abbildung folgende Begriffe richtig zu:
Außenluft, Zuluft, Heizungsvorlauf, Heizungsrücklauf

b) Beschreiben Sie kurz die Funktionsweise des Warmwasserlufterhitzers.

c) Zeichnen Sie eine Lufterwärmung von einem Außenluftzustand mit einer Temperatur von –5 °C und einer relativen Feuchte von 80 % zu einem Zuluftzustand mit einer Temperatur von 25 °C und einer relativen Feuchte von 10 % in das *h*-*x*-Diagramm ein.

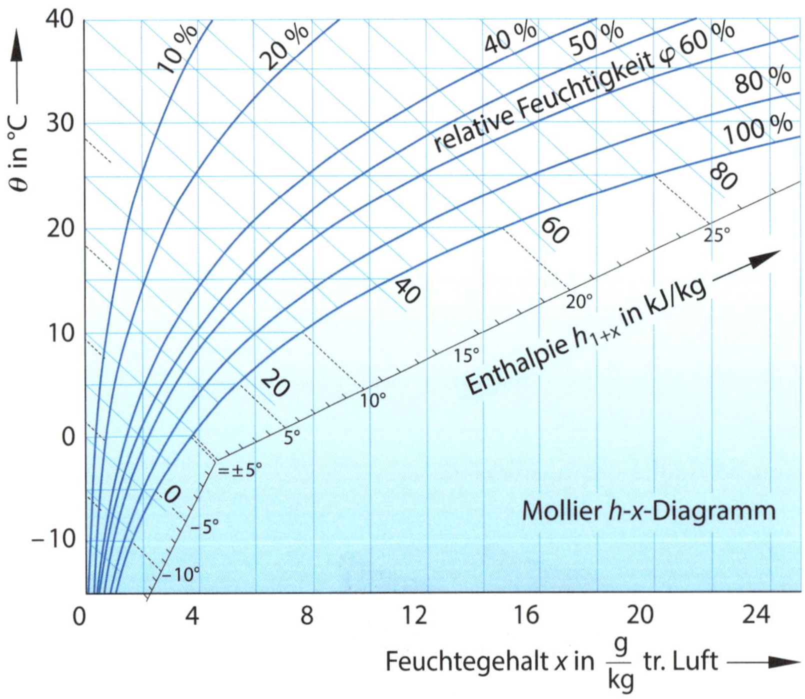

d) Ermitteln Sie die durch den Lufterhitzer der Luft zugeführte Wärmeenergie (Enthalpie).

Datum

Name

Messen und Überprüfen von Widerständen

1 Die Heizungsanlage eines Kunden wird im Winter nicht richtig warm. Bei der Überprüfung der Regelung stellen Sie fest, dass der Außenfühler +10 °C anzeigt.

a) Könnte dies die Ursache der Heizungsstörung sein? Beschreiben Sie, weshalb.

b) Sie schauen sich die technischen Unterlagen der Regelung an. Dort wird der Außenfühler als sogenannter PTC-Fühler beschrieben. Erklären Sie, wofür PTC steht.

c) Da Sie vermuten, dass der Außenfühler defekt ist, müssen Sie diesen überprüfen. Beschreiben Sie Ihr Vorgehen.

Datum Name

d) Bei Arbeiten an elektrischen Anlagen ist wegen Unfallgefahren durch Berührungsspannung äußerste Vorsicht geboten! Um Ihren Arbeitsplatz sicher und gefahrlos zu machen, müssen bei Arbeiten an Strom führenden Anlagenteilen Schutzmaßnahmen durchgeführt werden. Nennen Sie in der richtigen Reihenfolge die ersten drei Schutzmaßnahmen und beschreiben Sie diese.

e) Sie demontieren den Außenfühler und nehmen ihn mit in den Heizraum. Im Heizraum messen Sie eine Temperatur von 20 °C. Welchen Widerstandswert müsste der Außenfühler bei 20 °C aufweisen. Zeichnen Sie den Lösungsweg in das Diagramm ein.

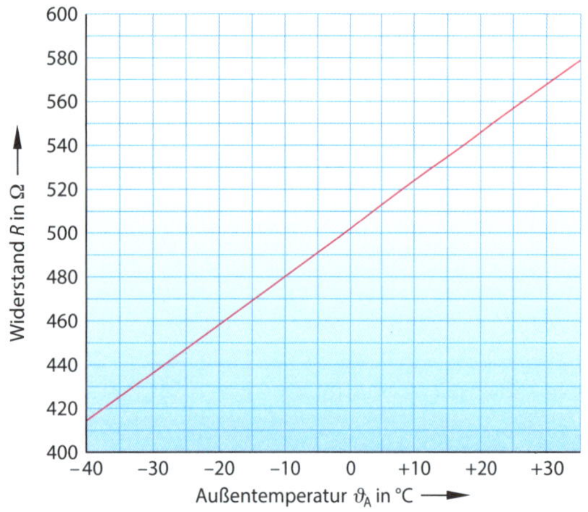

f) Bei der Messung des Außenfühlers ergibt sich ein Widerstandswert von 480 Ω. Beschreiben Sie Ihr weiteres Vorgehen.

Datum

Name

Einbau von Temperaturwächtern

1 Folgender Aufbau (siehe Abbildung) ist für eine Fußbodenheizung geplant.

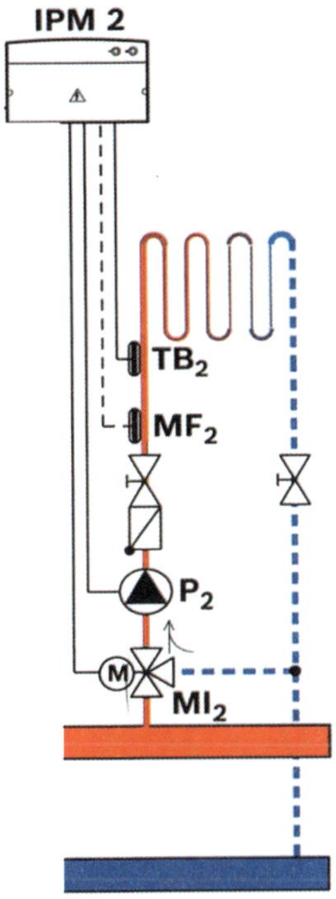

a) Ordnen Sie folgende Begriffe der Zeichnung oben zu:
Umwälzpumpe, 3-Wege-Mischer, Vorlauftemperaturfühler, Sicherheitsthermostat (Temperaturwächter)

b) Beschreiben Sie, wie die Vorlauftemperaturregelung der Fußbodenheizung funktioniert.

c) Beschreiben Sie die Aufgabe des Temperaturwächters.

d) Erklären Sie den Unterschied zwischen einem Temperaturwächter und einem Temperaturbegrenzer.

2 Auf der Verpackung des Sicherheitstemperaturwächters finden Sie folgende Abbildungen.

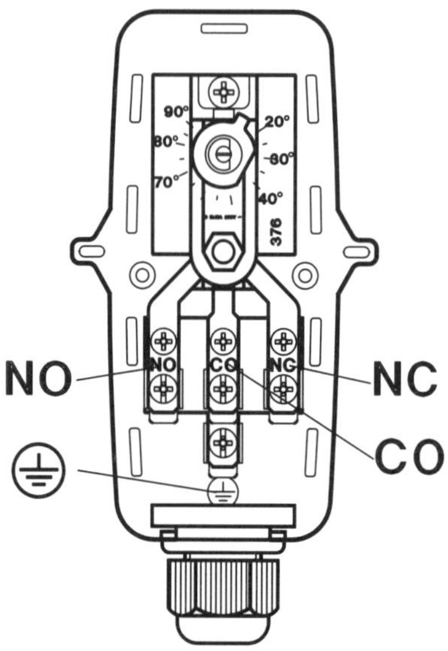

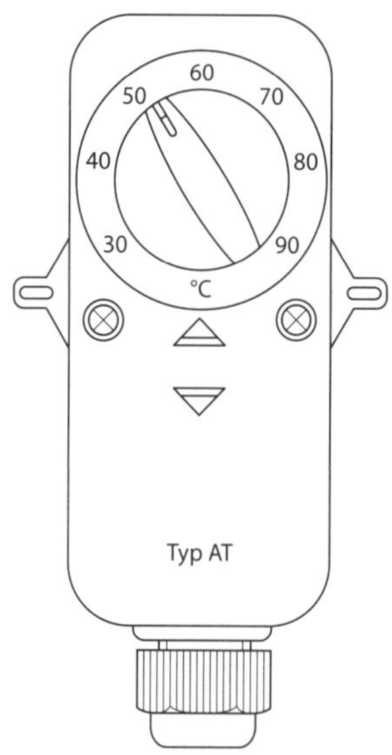

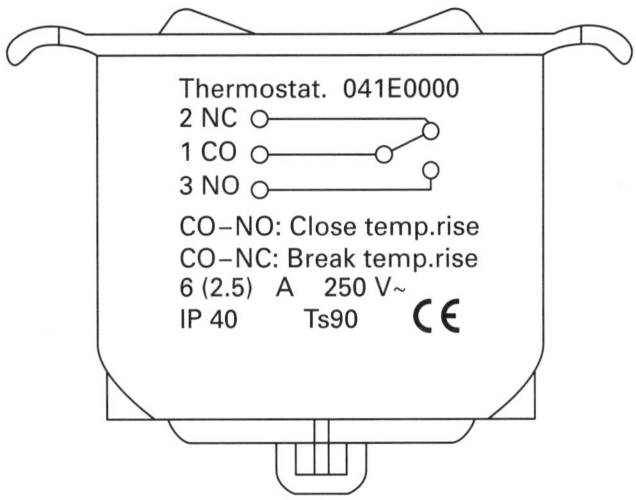

a) Wie Sie sehen, sind die Anschlussklemmen des Temperaturwächters mit 1 bis 3 durchnummeriert sowie mit CO, NO und NC beschriftet. Je nach Anschluss (es sind zwei Anschlüsse möglich) unterscheidet sich die Funktion des Temperaturwächters. Um den richtigen Anschluss auswählen zu können, müssen Sie zunächst die englischen Begriffe in der Abbildung oben sinngemäß übersetzen. Markieren Sie dann den richtigen Anschluss.

CO-NO:

CO-NC:

b) Sie sollen die Montage des Temperaturwächters vornehmen. Von Ihrem Meister erhalten Sie hierzu eine Skizze der notwendigen Verkabelung (siehe Abbildung unten). Die Ziffern an den Kabeln geben Ihnen die notwendigen Anzahlen der Adern an. Erstellen Sie sich auf der folgenden Seite einen genauen Verdrahtungsplan für den Temperaturwächter.

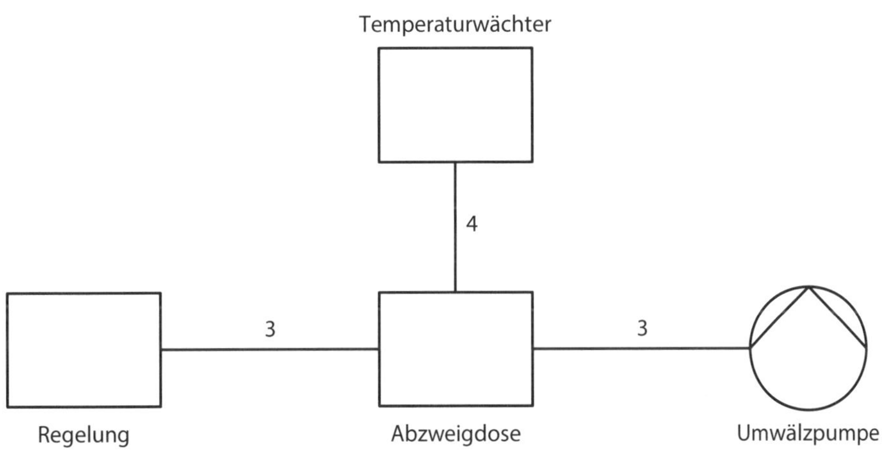

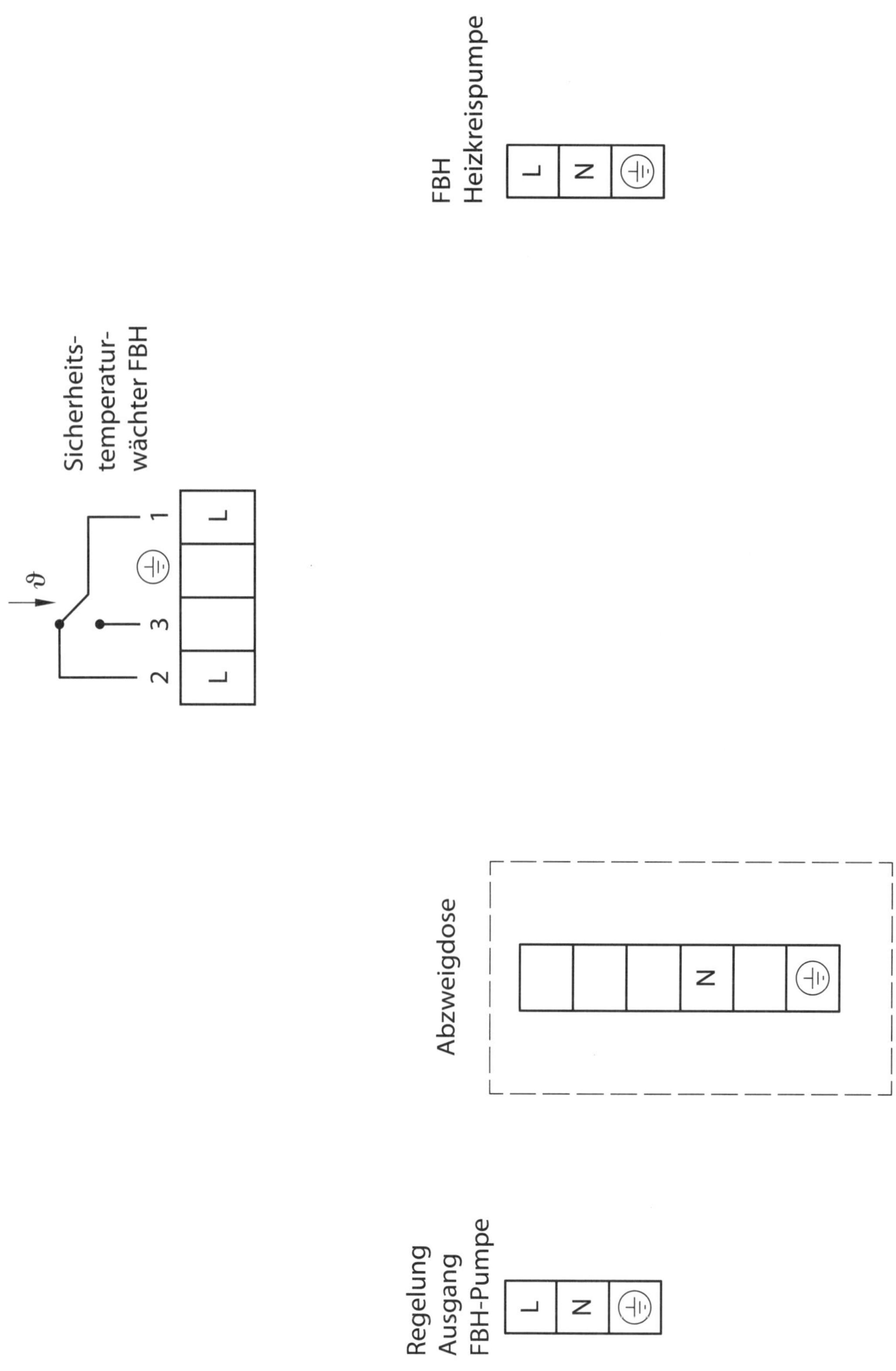
FBH
Heizkreispumpe
L
N
Sicherheits-
temperatur-
wächter FBH
ϑ
2
3
1
L
L
Abzweigdose
N
Regelung
Ausgang
FBH-Pumpe
L
N

Datum

Name

Witterungsgeführte Vorlauf- (Kessel-) Temperaturregelung

Bei der Wartung einer älteren witterungsgeführten Heizungsanlage ist der Kunde ebenfalls anwesend. Sie kommen ins Gespräch und er erzählt Ihnen, dass das Erdgeschoss seines Hauses über eine Fußbodenheizung und das Obergeschoss mit Heizkörpern beheizt wird. Ihm sei im letzten Winter aufgefallen, dass es während der gesamten Heizperiode (Herbst bis Frühjahr) im Erdgeschoss zu warm, aber im Obergeschoss in der Übergangszeit eher zu kalt war. Erklären Sie dem Kunden im Folgenden, woran dies liegen könnte, und schaffen Sie sodann mit geeigneten Maßnahmen Abhilfe.

1 Ist diese Heizungsanlage nach der Energieeinsparverordnung (EnEV) noch in Ordnung? Begründen Sie Ihre Aussage.

2 Erklären Sie dem Kunden anhand der Grafik die Funktionsweise einer witterungsgeführten Regelung.

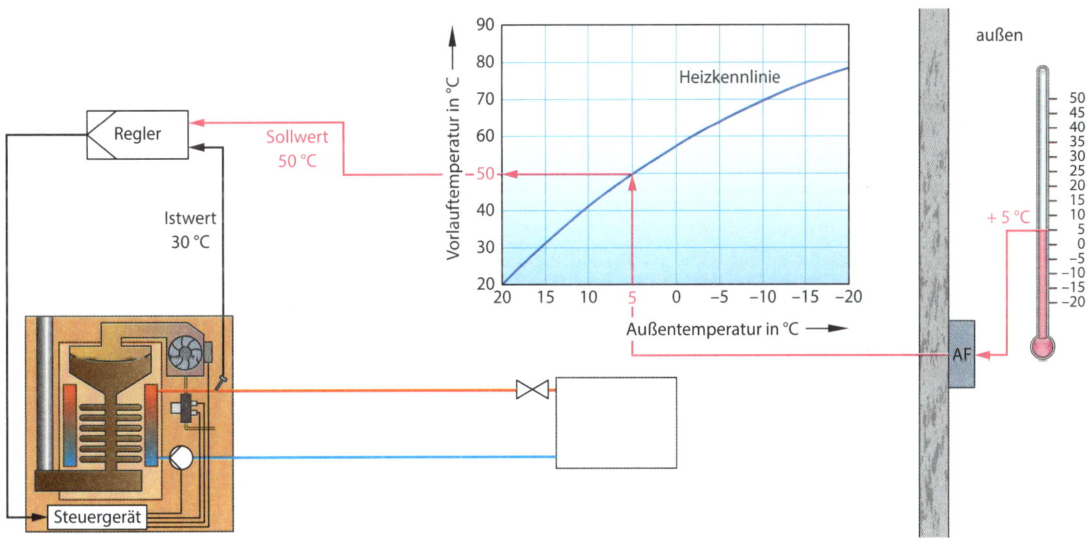

3 Die Daten der eingestellten Heizkurven können an der älteren Regelung anhand der Drehknopfeinstellungen (siehe Abbildung unten) abgelesen werden.

a) An diesem Regler können für zwei Heizkreise die Heizkennlinien eingestellt werden. Welche der beiden Reihen der Einstellknöpfe (linke oder rechte Reihe) wirkt auf die Fußbodenheizung? Begründen Sie Ihre Antwort.

b) Wie verändert sich die Heizkurve, wenn Sie am Drehknopf mit dem dargestellten Symbol (siehe Abbildung) die Einstellung ändern? Zeichnen Sie in das Diagramm zwei geänderte Heizkurven ein.

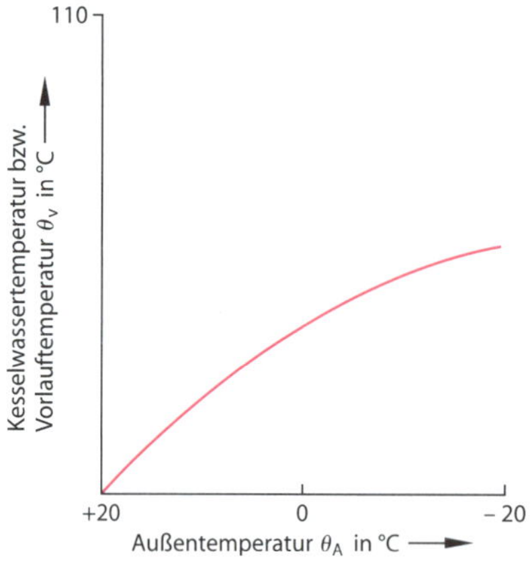

c) Wie verändert sich die Heizkurve, wenn Sie am Drehknopf mit dem dargestellten Symbol (siehe Abbildung) die Einstellung ändern? Zeichnen Sie in das Diagramm zwei geänderte Heizkurven ein.

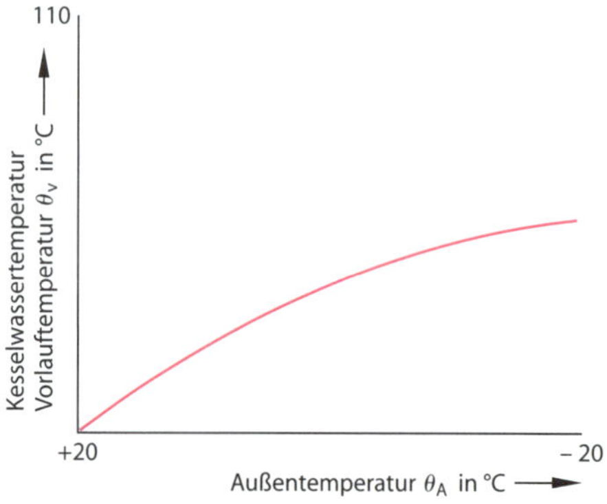

Datum
Name

4 Jeder Heizkreis braucht zur Regelung eine eigene Heizkurve. Ermitteln Sie aus dem Heizkurven-Diagramm die richtigen Einstellungen der Heizkurve für die beiden Heizkreise. Zeichnen Sie den Lösungsweg in das Diagramm ein.

Die Außentemperatur beträgt −16 °C. Die maximale Vorlauftemperatur der Fußbodenheizung beträgt 35 °C, die maximale Vorlauftemperatur der Heizkörper beträgt 65 °C.

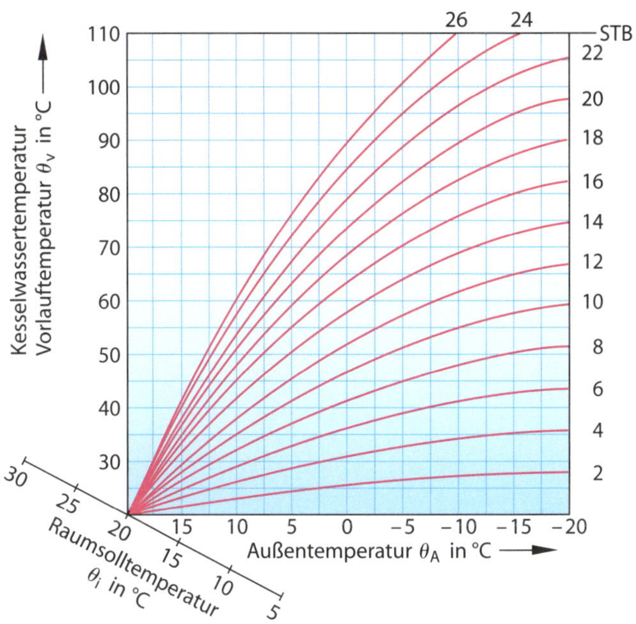

FBH

HK

5 Ermitteln Sie aus der Abbildung unten die tatsächlich beim Kunden vorhandenen Heizkurveneinstellungen (Neigung und Parallelverschiebung).

FBH

HK

6 Vergleichen Sie die eingestellten Heizkurven mit den aus dem Heizkurven-Diagramm ermittelten Kurven aus Aufgabe 4.

a) Welche Aussage können Sie nun bezüglich der Fußbodenheizung treffen und wie sieht Ihre Lösung für den Kunden aus?

b) Welche Aussage können Sie nun bezüglich des Heizkörperkreises treffen.

c) Skizzieren Sie, ausgehend von der eingestellten Heizkurve, den Lösungsweg in das Diagramm ein. Nummerieren Sie dabei Ihre Änderungsschritte.

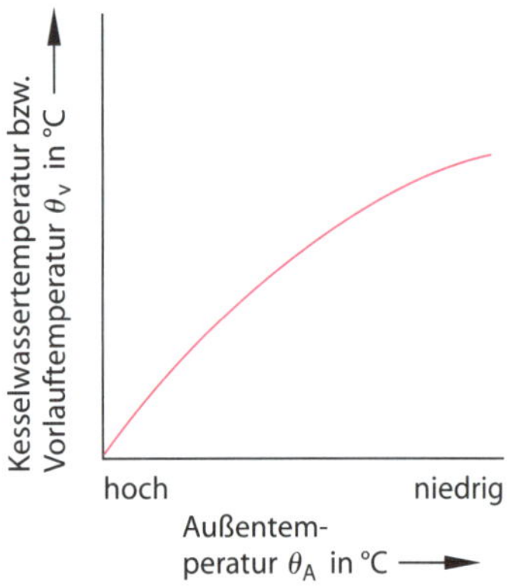

7 Außer der aufwendigen Änderung der Heizkennlinie von Hand, stehen Ihnen bei neueren Reglern auch automatische Anpassungen der Heizkennlinie zur Verfügung. Beschreiben Sie die Funktionsweise.

Regelschema einer witterungsgeführten Heizungsanlage

1 Die dargestellte Heizungsanlage (siehe Schema auf der Seite 132) soll mit einer Regelungsanlage ausgestattet werden. Sie sollen die Planung übernehmen. Hierzu steht Ihnen der unten dargestellte Regleranschlussplan zur Verfügung.

a) Ordnen Sie folgende Begriffe im Heizungsanlagenschema zu:
Gasbrennwerttherme, Heizkreis 2, Heizkreis 3, Energiespeicher, Umschaltventil, Erweiterungsmodul für Heizkreis 2 (EM 2), Erweiterungsmodul für Heizkreis 3 (EM 3)

b) Ordnen Sie die Klemmenbezeichnungen (z. B. B1, M21 usw.) vom Anschlussplan des Reglers den richtigen Komponenten im Heizungsanlagenschema zu.

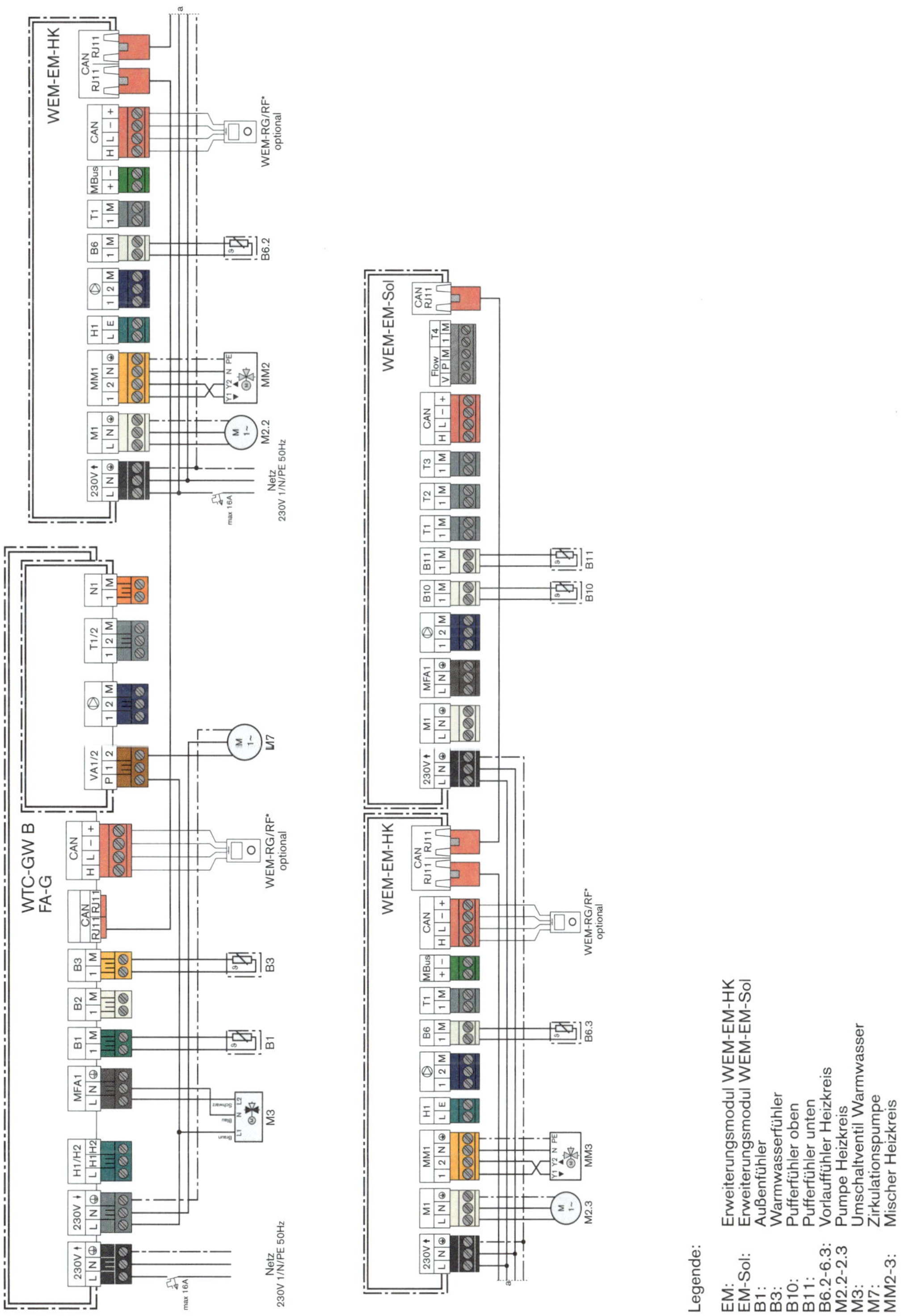

Datum Name

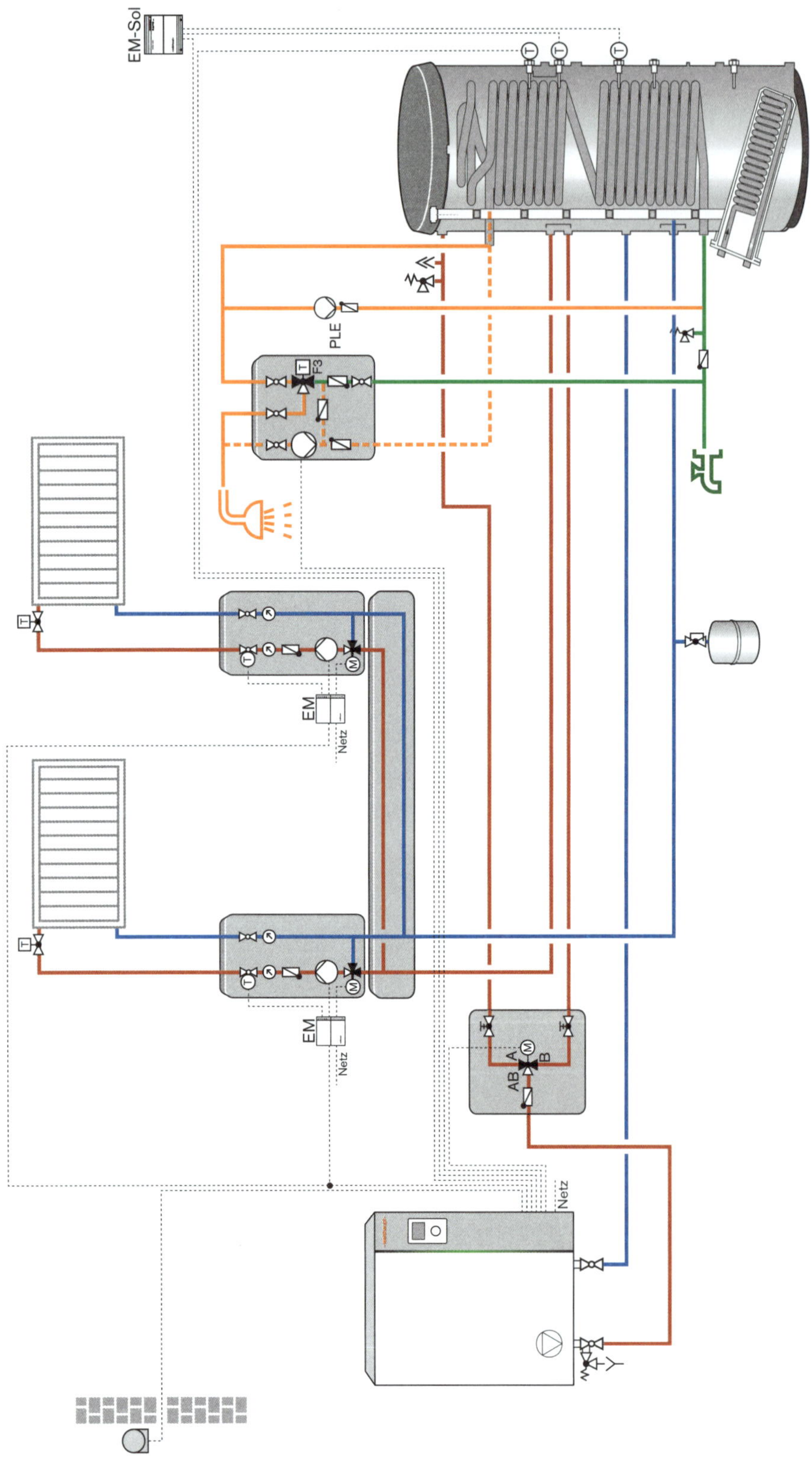

Legende:

EM: Erweiterungsmodul WEM-EM-HK
EM-Sol: Erweiterungsmodul WEM-EM-Sol
B1: Außenfühler
B3: Warmwasserfühler
B10: Pufferfühler oben
B11: Pufferfühler unten
B6.2-6.3: Vorlauffühler Heizkreis
M2.2-2.3: Pumpe Heizkreis
M3: Umschaltventil Warmwasser
M7: Zirkulationspumpe
MM2-3: Mischer Heizkreis

Datum

Name

2 Beschreiben Sie den Zweck und die Funktionsweise des Umschaltventils.

3 Die Heizungsanlage soll noch mit einer Solaranlage ausgestattet werden. Auch hierfür sollen Sie die Planung und Ausführung der Regelungsanlage übernehmen.

a) Ergänzen Sie, ausgehend vom bisherigen Schema, die Solaranlage mit sämtlichen Armaturen und Sicherheitseinrichtungen.

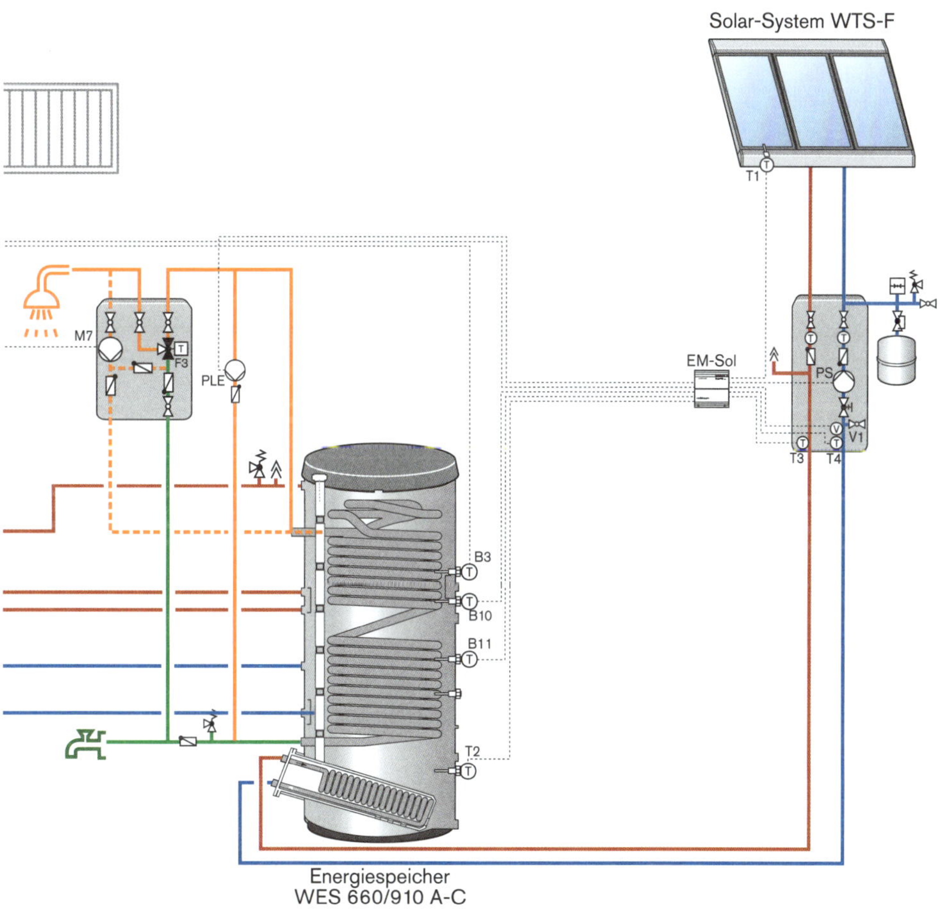

b) Ordnen Sie die Klemmenbezeichnungen (z. B. TK1, TKV1 usw.) vom unten stehenden Anschlussplan des Reglers den richtigen Komponenten im Anlagenschema auf der Seite 47 zu.

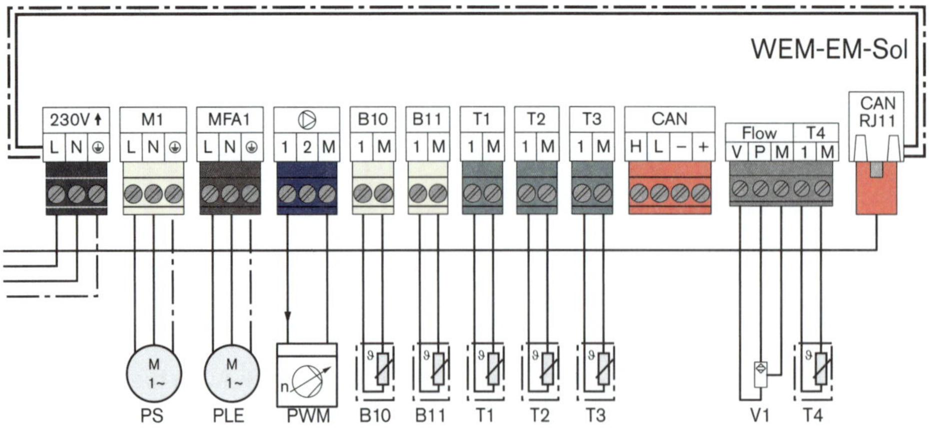

T1: Kollektorfühler
T2: Speicherfühler unten
T3: Solar Vorlauffühler
T4: Solar Rücklauffühler
V1: Flow Rotor
PS: Pumpe Solar
PLE: Pumpe Legionellen

4 Im Zusammenhang mit der Solaranlage müssen Sie die abgebildete Armaturengruppe einbauen. Beschreiben Sie deren Zweck und die Funktionsweise des Bauteils F3.

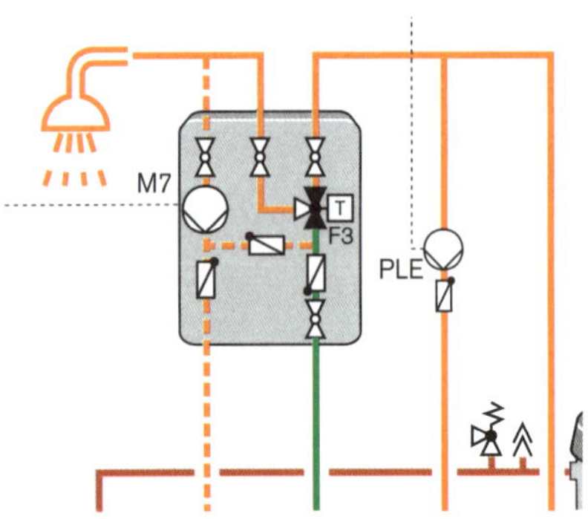

 Datum Name

Instandhalten von versorgungstechnischen Anlagen und Systemen

1 Erklären Sie die Begriffe in der Sprechblase. [3135, Seite 217]

Datum

Name

Kundenauftrag

Ein Kunde beauftragt Sie, in einem schon seit Längerem nicht mehr bewohnten Haus die Anlagentechnik (Heizung, Lüftung, Sanitär) wieder in Betrieb zu nehmen. Ihr Meister hatte mit dem Kunden bereits einen Vororttermin zur Inspektion des Hauses und der Anlagentechnik. Dabei hat Ihr Meister eine Liste erstellt. Ein Ausschnitt aus dieser Liste ist nachstehend wiedergegeben.

Inspektionsprotokoll

Nr.	Beschreibung
1.	Sicherheitsventil DN 15 am Wärmeerzeuger undicht
2.	Großentlüfter DN 10 am Wärmeerzeuger undicht
3.	Manometer am Wärmeerzeuger defekt
4.	Umwälzpumpe Fabrikat Grundfos, Typ Alpha 2, defekt
5.	Öldüse am Brenner verschmutzt (0.50/60°)
6.	Isolierung der Zündelektroden defekt
7.	Zündtrafo des Ölbrenners defekt
8.	Ölkessel stark verschmutzt
9.	Filtereinsatz des Trinkwasserfilters Fabrikat Grünbeck, Typ Geno DN 25, stark verschmutzt
10.	Druckminderer DN 25 defekt
11.	Sicherheitsventil DN 15 der Warmwassererzeugung tropft
12.	KFR-Ventil DN 25 am Wasserzähler lässt sich nicht schließen
13.	Solarflüssigkeit mit Flocken versetzt (Inhalt ca. 30 Liter)
14.	2 m Solardämmung (Rohrdurchmesser 18 mm) auf dem Dach fehlen
15.	Emailbeschichtung der Badewanne stark beschädigt, Farbe Weiß
16.	Strahlregler am Waschtisch in Badezimmer und Küche stark verschmutzt
17.	Doppelspindel-Eckventil DN 15 an der Küchenspüle undicht
18.	Gartenarmatur DN 15 durch Frosteinwirkung zerstört

Datum Name

1 Tragen Sie einen Teil der im Inspektionsprotokoll aufgeführten Mängel/Schäden in die Kästchen ein und zeigen Sie durch einen Pfeil, an welcher Stelle im Haus sie sich befinden.

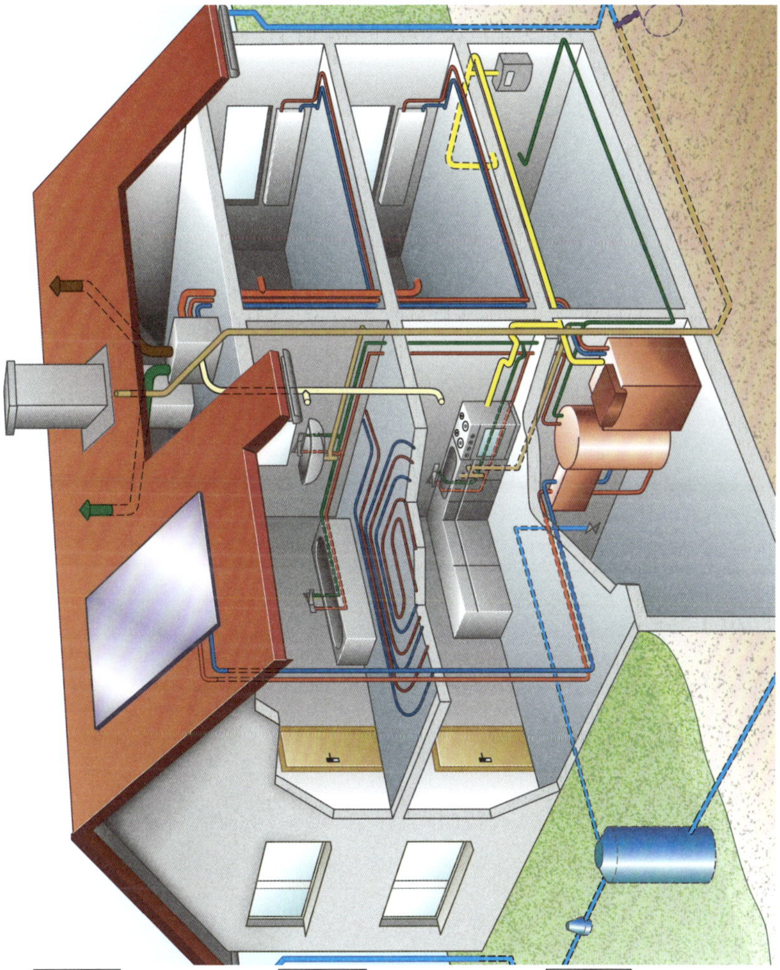

[+] 2 Erstellen Sie auf Grundlage des Inspektionsprotokolls eine Liste der Materialien, die Sie zur Instandhaltung der Anlagentechnik beim Kunden benötigen. Führen Sie die Artikelnummern und Preise mit auf und berechnen Sie die Kosten für die Instandhaltung. (Hinweis: Verwenden Sie die in Ihrem Betrieb üblichen Produkte und Herstellerkataloge. Sollten Sie einige Armaturen nicht finden, verwenden Sie ähnliche Produkte).

Materialliste			
Nr.	**Beschreibung**	**Artikelnummer**	**Preis in €**
1.			
2.			
3.			
4.			
5.			
6.			
7.			
8.			
9.			
10.			
11.			
12.			
13.			
14.			
15.			
16.			
17.			
18.			
		Summe:	

Datum

Name

3 Berechnen Sie auf Grundlage der Materialkosten, des Rabattes und der geschätzten Arbeitszeit einen Gesamtpreis für die Instandhaltungsmaßnahmen. Füllen Sie hierzu die grau hinterlegten Kästchen in der nachstehenden Tabelle aus.

	Übertrag Summe		
	30 % Rabatt auf Material		
	Zwischensumme Material		
geschätzte Arbeitszeit	**Std.**	**EP**	**GP**
Obermonteur			
Monteur			
	Zwischensumme Lohn		
	Zwischensumme Material + Lohn		
	19 % MwSt.		
	Gesamtsumme		

4 Im Haus ist auch ein Wohnungslüftungsgerät eingebaut. Dieses soll ebenfalls einer Instandhaltung unterzogen werden.

a) Den unten stehenden Text entdecken Sie in der Bedienungs- und Wartungsanleitung des Lüftungsgerätes. Ermitteln Sie daraus, welche Komponenten einer Wartung zu unterziehen sind und in welchen jeweiligen Zeitabständen diese durchgeführt werden sollte. Tragen Sie Ihre Ergebnissse in das Antwortfeld ein.

Wenn ein Anzeigelicht der Wartungsanzeige oder der Filterüberwachung aufleuchtet, müssen die Filter auf Sauberkeit überprüft werden. Die Außenluft wird im Gerät mit zwei verschiedenen Filtern gefiltert. Ein Grobfilter (A) der Klasse EU3 schützt vor Insekten, groben Pollen und anderem grobem Staub. Ein Feinfilter (B) der Klasse EU7 filtert feinkörnigen, für das Auge nicht sichtbaren Staub. Die Abluft wird mit dem gleichen Filter der Klasse EU3 wie die Außenluft gefiltert. Die Grobfilter (A) müssen **mindestens zweimal im Jahr** gewaschen werden; sowie dann, wenn die Filterüberwachung einen Wartungsbedarf anzeigt. Beim Öffnen der Gerätetür des DIGIT SE unterbricht der Sicherheitsschalter (T) die Stromzufuhr. Die Filter in Wasser von 25–30 °C sowie mit Geschirrspülmittel waschen, dabei nur leicht drücken. Grobe Handhabung der Filter muss vermieden werden. Bei sachgemäßer Handhabung können die Filter 3–4 mal gewaschen werden, daher sind sie **spätestens alle zwei Jahre gegen neue auszutauschen**.

Der Feinfilter (B) kann nicht gewaschen werden. Er ist im Zusammenhang mit der Reinigung der EU3-Filter mit der Bürstendüse eines Staubsaugers vorsichtig zu reinigen. Dabei ist darauf zu achten, dass das Filtermaterial nicht beschädigt wird. **Um eine gute Qualität der Zuluft zu gewährleisten, ist der Filter** je nach der Luftqualität des Wohnorts in **Abständen von einem bis maximal zwei Jahren gegen einen neuen auszutauschen**. Es ist empfehlenswert, einen neuen Filter im Herbst einzusetzen; der Filter bleibt dann den Winter über sauber und filtert wirksam den Staub des folgenden Frühjahrs.

Empfehlenswert ist ferner, im Zusammenhang mit der Reinigung der Filter den Wärmetauscher/Wärmerückgewinnungszellen (C) in Abständen von ca. zwei Jahren auf Sauberkeit zu überprüfen. Den Wärmetauscher an den an seiner Endplatte angebrachten Griffen aus dem Gerät herausziehen. Ist er verschmutzt, in Wasser mit Geschirrspülmittel eintauchen. Mit einem Wasserstrahl sauberspülen. Wenn das Wasser von den Lamellen gut abgetropft ist, den Wärmetauscher so ins Gerät zurückschieben, dass die Dichtungen an seinen Gleitflächen an ihrer Position sind und der am Tauscherende angebrachte Aufkleber „Nach oben" auf die Ecke zeigt, die der oberen Stütze entgegenkommt.

(Quelle: Heinemann GmbH, Vallox Digit, Modelle Vallox Digit SE/SE VKL, Bedienungs- und Wartungsanleitung, Seite 17)

Wartung Lüftungsgerät

Datum

Name

b) Ebenfalls in der Bedienungs- und Wartungsanleitung entdecken Sie die unten stehende Zeichnung. Vor Ausführung der Wartungsarbeiten vergleichen Sie diese Zeichnung mit dem eingebauten Lüftungsgerät (siehe Abbildung unten). Verbinden Sie die Bauteile in der Zeichnung mit den entsprechenden Bauteilen in der Abbildung durch einen Pfeil.

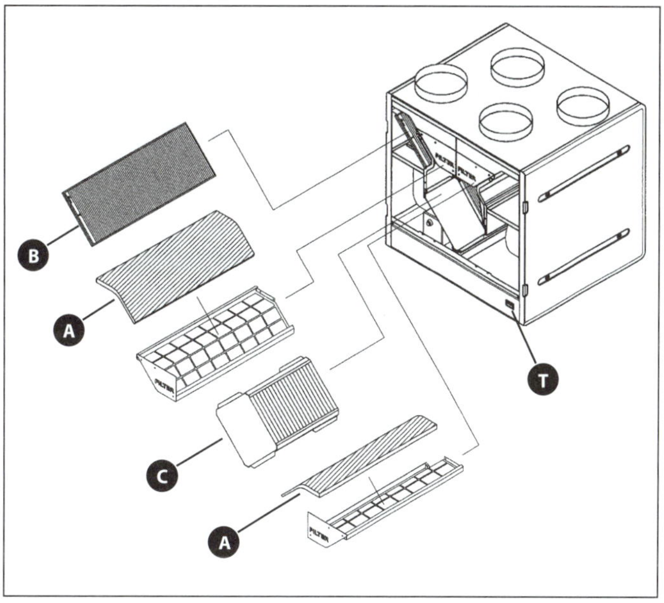

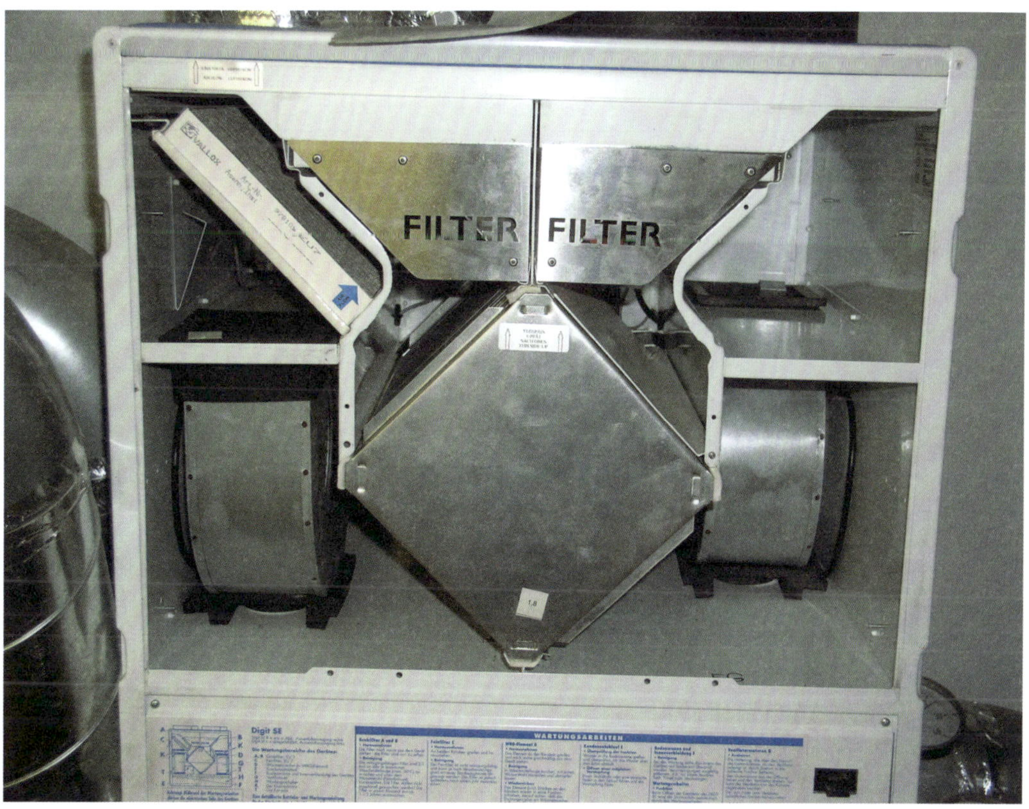

Datum

Name

c) In den nachfolgenden Abbildungen ist die Wartung des Lüftungsgerätes dokumentiert. Beschreiben Sie die einzelnen Abbildungen: Welche Arbeiten sollten ausgeführt werden bzw. welche Arbeiten sind ausgeführt worden? Welche Bauteile sind abgebildet?

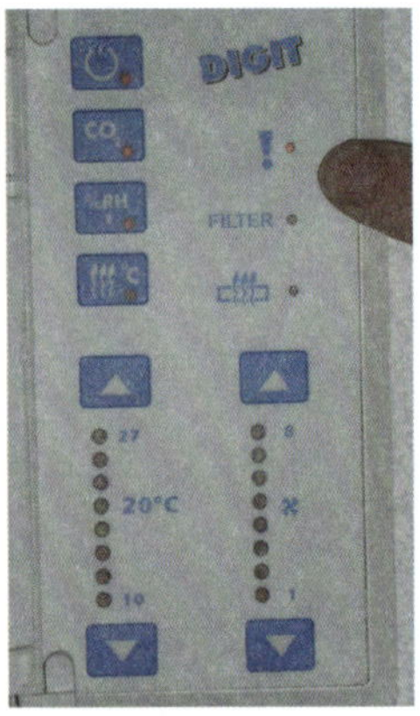	
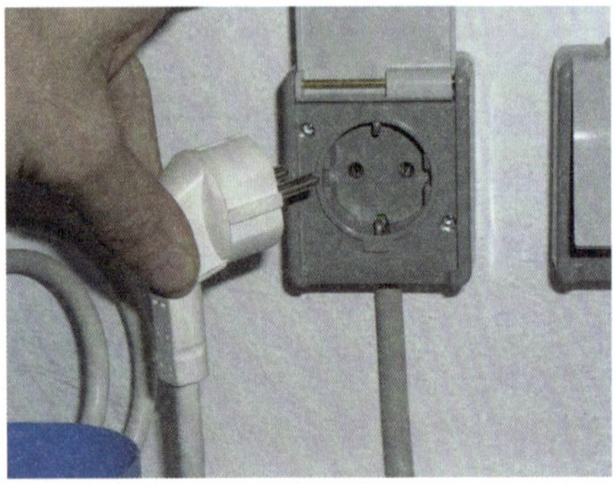	

Datum

Name

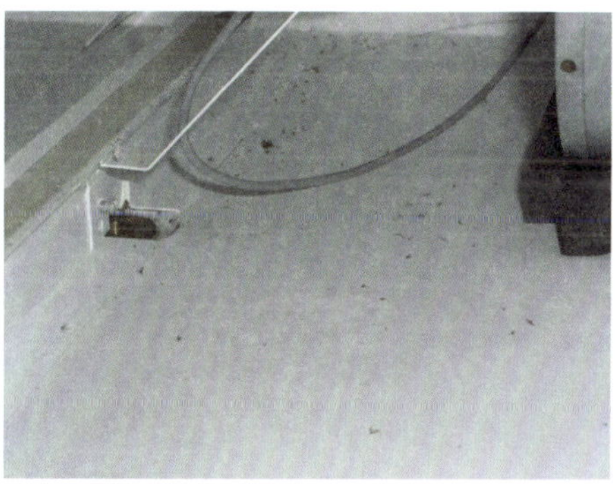

Datum

Name

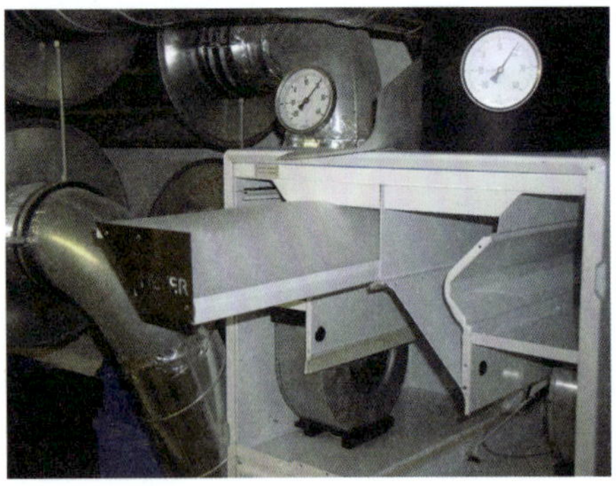

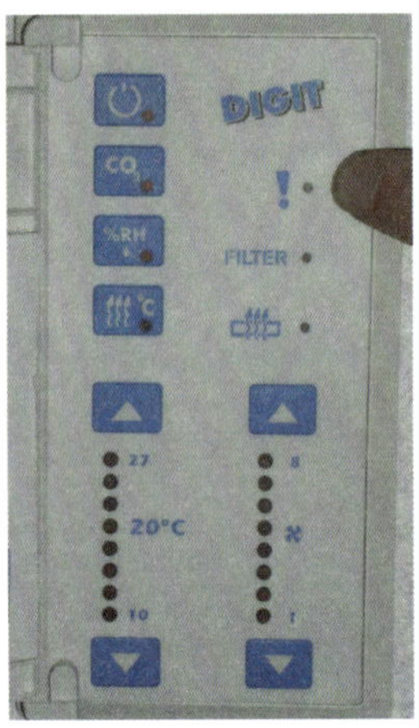

5 Welche weiteren Komponenten einer Wohnungslüftungsanlage müssen noch gereinigt werden?

Datum

Name